KB040325

광릉 숲 둘러보기 1

맑고 고운 우리 나비

광릉 숲 둘러보기 1

맑고 고운 우리 나비

손정달 · 김성수

당대

광릉 숲 둘러보기 1
맑고 고운 우리 나비

지은이/손정달 · 김성수
펴낸이/박미옥
펴낸곳/도서출판 당대

제1판 제1쇄 인쇄 2003년 9월 29일
제1판 제1쇄 발행 2003년 10월 6일

등록/1995년 4월 21일(제10－1149호)
주소/서울시 마포구 연남동 509－2 3층 (121－240)
전화/323－1316 팩스/323－1317
e-mail/dangbi@chollian.net

■ 머리말

나비가 너울대는 광릉 숲

우리가 숨을 쉬고 있는 세상에서 없어서는 안 될 귀중한 생명이 있다. 자연, 숲, 나무, 꽃 그리고 광릉 숲과 나비이다.

광릉의 숲을 이야기할 때 특별히 숲을 이루는 나무와 꽃에 눈길이 먼저 끌리지만 이 숲을 터전으로 줄기차게 살아온 나비를 빼놓을 수 없을 것 같다. 광릉 숲에는 현재 131종류의 나비가 살고 있다. 이들 나비는 봄부터 가을까지 때맞춰 나타나서 숲을 아름답게 꾸며주는 청량제와 같은 역할을 하며, 무엇보다도 숲의 생명력을 돋우어주는 데 큰 힘이 되고 있다.

이제부터 국립수목원에 가면 숲에만 매료되지 말고 그 안에서 숨쉬는 나비에게도 정을 조금씩 떼어 나누어주면 참 좋을 것 같다. 그러면 나비들도 자신의 매력을 한껏 뽐내어 우리가 쏟은 애정보다 더한 아름다움과 평안함을 안겨줄 것이다. 그만큼 광릉 숲은 관대하고 풍요로운 곳이니까.

이 책에서는 현재 광릉 숲에서 살아가는 나비를 사계절로 나누어 재미난 습성, 생김새, 이름의 유래, 광릉 숲과의 연계성 등을 말해 보고자 한다. 일테면 나비를 편하게 가까이 바라본 느낌을 적었다고 할 수 있다. 이른봄에 새초롬히 피어난 얼레지꽃에 날아온 애호랑나비를 비롯하여 여름 한철 광릉 숲길에 풍성하게 피어난 엉겅퀴꽃에 날아온 유리창떠들썩팔랑나비, 가을 코스모스 위에서 멋을 부리는 작은멋쟁이나비까지 광릉 숲에서 쉽게 볼 수 있는 100종을 엄선하여 이들 나비들이 하고 싶었던 이야기를 대신 말해 주려고 한다.

물론 예전에는 많았지만 지금은 찾아볼 수 없게 된 종류도 있다. 일찍이 풀밭에 많았던 금빛어리표범나비나 붉은점모시나비 같은 나비들이 그러하다. 그래서 여기서는 그들이 왜 광릉 숲을 떠났는지 그들을 대신해 말해 주려 한다. 또 큰수리팔랑나비처럼 광릉 숲에서만 볼 수 있는 나비의 현주소도 살펴보았다. 곁들여 글쓴이들이 20여 년 동안 보아온 광릉 나비의 변화상도 들려주고 싶다.

오래 전부터 우리는 광릉 숲을 고향처럼 여기며 살아왔다. 조금이라도 여유가 생기면 뛰어가서 광릉 숲에 사는 나비들과 같이 숨쉬면서, 사람들에게 이들 얘기를 해줄 수 있을 날만 고대하다가 마침 좋은 기회가 마련되어 무척 기쁘다.

끝으로 이 책이 나오기까지 도움을 주신 한국나비학회의 주흥재 · 김용식 고문 그리고 오성환 회장께 깊이 감사드리며, 사진촬영과 원고정리에 힘써 주신 이영준 · 박경태 씨께도 감사를 드린다. 평소에 관심어린 눈으로 성원해 주신 국립수목원 윤영균 원장과 직원 여러분께도 깊이 감사를 드린다. 아울러 이 책을 기획하고 출판하는 데 큰 힘이 되어주신 당대출판사 박미옥 사장과 김천희 편집부장께도 감사드린다.

차 례

팔자 좋은 은빛 신사 물빛긴꼬리부전나비
사파이어 왕자 은날개녹색부전나비
검정 날개로 치장한 검정녹색부전나비
녹색부전나비의 얼굴마담 산녹색부전나비
꼬리의 비밀을 간직한 넓은띠녹색부전나비
초원으로 날아온 흑장미 참까마귀부전나비
벚꽃을 좋아하는 유랑자 벚나무까마귀부전나비
개미의 보호를 받는 쌍꼬리부전나비
개미 친구 담흑부전나비
그리스 전사 카밀라 줄나비
길 위의 점령자 제일줄나비
제일줄나비를 빼닮은 제이줄나비
다람쥐보다 부지런한 굵은줄나비
나무냄새를 좋아하는 산신령 높은산세줄나비
살랑살랑 바람을 탈 줄 아는 세줄나비
우리 금수강산에서 살아온 나비 참세줄나비
시원스런 비상 왕세줄나비
벌꿀을 노리는 침입자 황세줄나비
베일에 싸인 은둔자 어리세줄나비
오색찬란한 무지개 황오색나비
모이기를 좋아 힘쓰는 수노랑나비
정중하고 깔끔한 멋쟁이 은판나비
한여름 참나무숲의 제패자 왕오색나비
숲길의 터줏대감 대왕나비
풀밭을 누비는 굴뚝청소부 굴뚝나비
그리운 숲 지킴이 왕그늘나비

나비의 일생

국립수목원 산림박물관 앞에 서 있다 보면 티없이 맑은 어린아이들과 마주칠 때가 많다. 그중 몇몇은 수목원의 크기나 유래, 숲에 사는 동식물에 대해 질문을 한다. 그러다가 자연스럽게 나비로 화제를 바꾸면 매번 같은 질문을 한다.

"나비는 얼마나 사나요?" 나비를 오래 가까이했다지만 이런 질문에 맞닥뜨리면 답하기가 매우 난감하다. 사람마다 개성이 다르듯 나비도 종류마다 제각각이기 때문이다. 어떤 나비는 일생이 3년에 이르고, 또 어떤 나비는 불과 몇 달 안에 생을 마감한다. 북한의 개마고원 일대에 사는 '황모시나비'는 알에서 어른벌레가 되기까지 3년이란 세월이 소요된다. 즉 암컷이 알을 낳으면 그해에는 알로 겨울을 났다가 이듬해에 부화하여 애벌레 시기를 보낸다. 그리고 번데기가 되어 다시 추운 겨울을 견뎌내면 세번째 해에 드디어 어른벌레로 탈바꿈하는 긴 역정을 거친다. 이에 견준다면 제주도에 사는 남방부전나비는 한 해에 한살이 과정을 5~6회나 거듭한다.

나비는 지구 위의 동물 중 3/4을 차지하는 곤충의 한 무리로, 여러 곤충들 가운데 특히 진화된 무리의 하나이다. 이들은 알에서 애벌레, 번데기, 어른벌레의 4단계를 거쳐 탈바꿈하면서 나름의 삶을 엮어가게 된다.

"나비의 알은 얼마나 크나요?" 한 사내아이가 똘망똘망한 눈을 굴리며 바라본다. 그 아이의 급작스런 질문에 잠시 머뭇거리다 좀 전에 박물관 뒤뜰 구석에서 봐두었던 긴꼬리제비나비의 알이 생각났다. 이내 그 아이를 데리고 그곳으로 갔다. 길고 구차한 설명보다는 직접 보여주는 것이 현명하리라 생각한 것이 적중했다. 그 아이는 마치 보물을 다루듯 둥글고 노랗게 생긴 작은 알을 이리저리 살펴본다. 나비의 알은 1mm 정도로, 편차는 심하지 않으나 호랑나비처럼 큰 것은 좀더 크고, 부전나비는 조금 작다.

좀더 자세히 살펴보면, 호랑나비 계열의 알은 둥그렇고 아무런 무늬 없이 흰색에서 붉은색, 노란색 등 다양하다. 흰나비 계열은 긴 방추

북한의 개마고원에서 사는 황모시나비는 생활주기가 3년으로 길다(위).
호랑나비의 어린 애벌레는 새똥 모양으로 위장한다(아래).

형으로 겉면에 세로줄이 여럿 나 있다. 부전나비 계열은 나비 알 중 0.7mm 정도로 가장 작은데, 우리가 먹는 찐빵 모양에 겉면에 조각한 듯한 무수한 작은 돌기가 나 있다. 네 발만 제구실을 한다는 네발나비 계열은 색이나 생김새가 매우 다양한데, 부전나비들보다는 훨씬 동그랗고 겉면의 조각도 매우 다양하다. 팔랑나비 계열은 생김새로 보아 네발나비들의 알을 축소한 듯한 모양인데, 옆면은 좀더 삼각 모양이다.

이렇듯 종류마다 여러 모습인 나비의 알을 야외에서 발견하기는 쉽지 않

유리창나비의 애벌레 머리엔 뿔이 많이 돋아 있다(왼쪽).
긴꼬리제비나비를 건들면 머리와 앞가슴 사이에서 냄새뿔이 나와 구린 냄새를 풍겨 적을 물리친다(오른쪽).

다. 그래서 "어디서 볼 수 있어요?" 하는 아이들의 질문에 시원스럽게 대답하기가 어렵다.

나비는 애벌레 시기에 성장한다. 먹고 자라는 어린아이나 마찬가지인 것이다. 다른 점이 있다면 우리가 세포의 수를 늘려 몸을 키우는 것에 비해, 질긴 껍질로 몸을 감싸고 있는 나비 애벌레는 더 크게 자라기 위해 꼭 허물을 벗어야만 한다. 이를 허물벗기[脫皮]라고 하는데, 애벌레는 자라는 동안 서너 차례 변신을 한다. 예를 들면 호랑나비는 허물을 세 번 벗기 전까지 새똥 모양이다가 5령(종령) 애벌레 때에 녹색으로 변한다.

제일줄나비의 애벌레는 가시 같은 돌기투성이지만 사람을 찌르지는 않는다.

애벌레의 생김새는 매우 다양한데, 머리에 뿔이 유난히 많은 유리창나비, 손대면 머리와 가슴 사이에서 냄새뿔이 돋는 긴꼬리제비나비, 날카로운 돌기로 몸을 치장한 제일줄나비 등 몇몇만 살펴보아도 알 수 있다.

번데기는 특별히 나비로의 찬란한 변신을 준비하는 단계이다. 단단하게 나무줄기에 매달리거나 잎 사이에서 튼튼하게 몸을 고정한 채 움직이지 않고 지낸다. 건들면 살짝 움직일 뿐 큰 동요가 없다. 이렇듯 조용한 가운데에 어른벌레가 번데기 속에서 생겨나게 된다.

시간이 흘러 때가 되면 번데기의 껍질이 갈라지면서 어른벌레가 나온다. 대개 번데기의 색이 검어지거나 날개가 겉으로 비쳐 보이기 시작하면 어른벌레가 나올 때라는 신호이다. 드디어 이른 아침에 날개돋이한 어른벌레가 아침 햇살 속에서 활동하기 시작한다. 이때는 자라지 않고 다음 세대로 이어가는 생식활동만 하게 된다. 따라서 꽃의 꿀을 먹거나 땅의 미네랄을 섭취하여 그 에너지를 활용해 짝을 찾아 나선다.

줄나비의 번데기

아이들을 자주 대하다 보니 "작은 나비가 언제쯤 커지나요?" 식의 엉뚱한 질문에 시달릴 때도 있지만 이를 귀찮게 여기기보다 반가운 것은 나비, 아니 자연을 사랑하는 마음이 혹 우리들에게 내재된 때문은 아닐까 되새기게 된다.

꼬리명주나비의 번데기

산푸른부전나비

봄 나비

해마다 봄이 되면 연초록 잎새들이 물결치는 광릉 숲에 가장 먼저 뛰어가 본다.
벌써 그곳에 봄 나비들이 판을 짜고 있음을 눈치챌 때쯤이면, 어느덧 가슴 벅찬 감동에 휩싸이게 된다. 애호랑나비, 모시나비, 갈구리나비들이 저마다 예쁜 날개를 펄럭이며 날아다니는 틈 속에서 한 마리의 나비인 양 고즈넉한 광릉 숲을 음미하고 또 음미해 본다.

봄의 여신 애호랑나비 *Luehdorfia puziloi*

이른봄이 되면 흔히 사람들은 겨우내 움츠렸던 몸과 답답한 마음을 다스리기 위해 산과 들을 찾는다. 연초록 새싹들이 대지를 뚫고 머리를 내밀기 시작하면 진달래, 얼레지, 제비꽃 유와 같은 야생화도 앞다투어 꽃을 피운다. 광릉의 울창한 숲속에서는, 나뭇잎이 채 돋지 않아 따사로운 햇살이 숲 바닥까지 스미면 겨우내 번데기로 지냈던 애호랑나비가 날개돋이를 시작한다. 마침내 날개의 모양새가 갖춰지면 봄내음 가득한 야트막한 광릉 숲을 누빈다. 이런 모습 때문에 나비는 '봄을 맨 처음 알려주는 여신'이라는 찬사를 받는가 보다.

봄날은 변덕스러울 때가 많다. 갑자기 날씨가 흐리거나 쌀쌀해지면 애호랑나비는 낙엽 위에 살포시 앉아, 햇볕으로 자기 몸을 따뜻이 해서 에너지를 충전하는 지혜를 발휘할 줄 안다.

애호랑나비를 보려면 기온이 높고 화창하게 갠 날을 택해, 진달래나 얼레지, 제비꽃이 가득 피어 있는 산 어귀에 가보라. 어느새 날아와 꽃의 꿀을 빨아먹고 분주히 봄을 알리며 다니는 애호랑나비를 광릉에서는 심심찮게 만날 수 있을 것이다.

날개 편 길이: 45~55mm
좋아하는 꽃색: 보라색, 흰색, 붉은색
잘 모이는 장소: 족두리풀이 많은 야트막한 언덕
볼 수 있을 때: 4~6월(연 1회)
광릉 숲에서 볼 수 있는 장소: 외국수목원, 식 · 약용식물원

잎이 덜 자라 숲 바닥까지 햇빛이 드리운 이른봄 얼레지꽃에 날아온 애호랑나비(앞의 왼쪽 첫번째).
애호랑나비의 짝짓기(앞의 왼쪽 두번째).
애호랑나비 서식지는 족두리풀이 있는 숲속이다(앞의 오른쪽).
애호랑나비는 날씨가 차가워지면 땅바닥에서 일광욕을 한다(아래).

날개에 창 무늬가 있는 기인

유리창나비 *Dilipa fenestra*

국립수목원 앞에는 봉선사천이 흐른다. 여름에는 수량이 많아 제법 내[川] 다운 품새이지만 봄에는 수량이 보잘것없어 겨우 명맥만 유지한 채 흐른다. 하지만 속살이 드러난 냇가의 모래밭을 즐겨 찾는 나비가 있다. 이곳에 앉아 땅속의 미네랄을 먹으려는 유리창나비가 그들이다.

보통 수컷나비는 암컷과 달리 정자를 성숙시키는데, 땅속의 미네랄이 없어서는 안 되는 모양이다. 황금색 날개를 벌겋게 퍼뜨리고 땅바닥에 주저앉는 모습이 나비의 고상함에 먹칠한 듯해도, 마치 땅 위에 피어난 꽃 같아 색다른 분위기이다.

날개 끝에는 작은 유리창 무늬가 두 개 있다. 특히 이 부분에는 비늘가루가 없어 훤히 들여다보인다. 어떤 연유로 이런 무늬가 생겨났는지 아직 밝혀져 있지 않지만, 아무튼 유리창나비의 생김새에서 이 특징을 빼놓고 나면 특별히 말할 게 없어 보인다.

한동안 유리창나비의 암컷을 한번이라도 보는 것이 소망이던 적이 있었다. 그래서 암컷과 우연히 마주쳤다는 식의 이야기가 화젯거리가 되곤 하였다. 암컷나비는 수컷들이 극성을 부릴 때면 얼씬도 않다가, 수컷의 기세가 꺾여 잠잠해질 무렵이 되면 숲 바닥에 살짝 내려왔다가 얼른 높은 나무꼭대기로 날아가 버린다.

이 밖에도 도통 알 수 없는 암컷의 행동으로는, 물가에 와서 수컷처럼 물을 마시는 일이다. 이런 유의 행동은 다른 나비에게서는 보기 힘든 기이한 습성이다.

날개 편 길이: 54~65mm
잘 모이는 장소: 개울가 주변
볼 수 있을 때: 4~6월(연 1회)
광릉 숲에서 볼 수 있는 장소: 육림호수 주변 개울가

땅바닥에 날아와 햇빛을 쬐는 유리창나비 수컷(앞의 오른쪽 첫번째).
아주 희귀했던 유리창나비 암컷이 날아와 돌 위에 앉았다(앞의 오른쪽 두번째).
유리창나비의 서식지(왼쪽).

그네를 타고 노는 새악시

모시나비 *Parnassius stubbendorfii*

봄이 무르익어 5월 언저리가 되면 새하얀 모시옷을 두르고 연둣빛 풀밭 위를 활강하는 나비가 있다. 소리 없이 다가왔다가 사뿐사뿐 미끄러져 난다. 어찌나 날개가 새하얗고 투명한지 "세모시 옥색치마 금박 물린 저 댕기가 창공을 차고 나가…" 하는 〈그네〉의 주인공 같다.

혹 몇 마리가 어울리기도 하고, 홀로 날기도 하면서 봄철 풀밭을 온통 수놓는다. 일찍 핀 엉겅퀴꽃에 앉아 꿀을 빨아먹을 때는 별나게 주위의 시선을 아랑곳 않는 버릇이 있다.

그래서 다른 나비와 달리 접근하기가 꽤 수월하다. 다가앉아 이야기를 나눌 수 있고, 손으로 살짝 집었다 놓을 수도 있다. 날개의 비늘가루가 적어 만져도 묻어나지 않아 불쾌감은 없다. 이렇게 꽃에 오래 앉으니, 모시나비의 자태를 포착하려는 사진작가들에게 인색한 법이 없다.

봄에 피는 현호색이라는 예쁜 꽃이 있다. 이 꽃의 어린 싹을 모시나비 애벌레가 먹는다. 그래서 현호색은 애벌레의 공격을 잘 넘겨야 비로소 꽃을 피울 수 있게 된다. 결국 모시나비가 현호색이 꽃을 피우는 데 결정적인 역할을 하는 셈이다. 요즈음은 모시나비가 줄어들어, 광릉 숲속에는 현호색꽃이 어느 때보다 만발한다.

날개 편 길이: 50~62mm
좋아하는 꽃색: 흰색, 노란색, 보라색
잘 모이는 장소: 숲길 가장자리의 야생화 풀밭
볼 수 있을 때: 5~6월(연 1회)
광릉 숲에서 볼 수 있는 장소: 식 · 약용식물원

엉겅퀴꽃에서 꿀을 빠는 모시나비 수컷(왼쪽).
모시나비 암컷은 날개의 비늘가루가 더 적다(아래).
모시나비는 손으로 만져도 덜 미끈거린다(원 안).

숲길 안내자 갈구리나비 *Anthocharis scolymus*

날개 끝이 뾰족하게 생겨 '갈고리'라는 무시무시한 이름이 붙여졌지만, 나는 모습을 보면 꽤나 가련한 존재이다.

봄날 한철만 나타나 숲 가장자리를 날다가 사라지는 갈구리나비는 수컷은 날개 끝이 주홍빛으로 짙게 물들어 있지만, 암컷은 그렇지 않다. 동물 가운데 수컷이 우리 인간의 눈에 더 예쁘게 보이는 경우가 많은데, 이 나비가 유독 그렇다. 날 때도 수컷의 날개에는 주홍빛이 살짝 내비친다. 아마 암컷에게 잘 보여 짝을 맺어서 제 유전자를 전달하고픈 수컷 고유의 본능인 것 같다.

광릉 숲에는 삼림욕을 하기에 적당한 기다랗게 뻗은 길들이 많다. 맑은 봄날, 이 길을 음미하며 걷노

라면 앞장서서 따라오라는 녀석이 있다. 바로 갈구리나비의 수컷들이다. 자기 뒤만 좇아오라고 고집한다. 못 이기는 척 한참 분주히 따라가다 보면, 이번에는 너무 왔다고 다시 오던 길로 내달린다. 뒤따라가기를 포기하고 가던 길을 재촉하면, 어느새 날아와 또다시 앞장선다.

봄날 광릉 숲의 길은 갈구리나비들이 여기저기에서 자기만 따라오라고 아우성친다.

날개 편 길이: 38~49mm
좋아하는 꽃색: 흰색, 노란색
잘 모이는 장소: 숲길 가장자리 민들레와 제비꽃이 핀 풀밭
볼 수 있을 때: 4~6월(연 1회)
광릉 숲에서 볼 수 있는 장소: 외국수목원, 식 · 약용식물원

보기 힘든 갈구리나비의 짝짓기(왼쪽).
갈구리나비가 잘 날아다니는 길목 (위).
갈구리나비 암컷은 날개 끝에 오렌지색 무늬가 없다 (아래).

새싹에 걸터앉는 재간둥이

쇳빛부전나비 *Callophrys ferrea*

아직 추위가 가시지 않았지만 4월의 숲 공간에는 한창 물오른 어린 잎눈이 눈에 띈다. 곧 터질 것만 같은 잎눈 망울을 바라보노라면, 세절이 변하고 있음이 슬그머니 느껴진다. 좀더 여유를 두고 들여다보면, 어디서 날아왔는지 그 끝에 가쁘게 내려앉는 나비가 있다. 쇳빛부전나비이다.

자기 몸보다 훨씬 작은 곳에 앉다 보니 제대로 자세를 취할 수 없어, 몇 번이고 고쳐 앉곤 한다. 그럴 때면 떨어지지 않으려는 모습이 애처롭기도 하지만, 절대 떨어지지 않는 재능을 타고났는지 언제나 틀림이 없다.

겨우 한 놈이 자세를 잡았나 싶기 무섭게, 다른 녀석이 날아와 자리다툼이 시작된다. 서로 쫓고 쫓기면서 좋은 자리를 차지하려고 무던히 애쓴다. 이런 행동을 보이는 것은 모두 수컷들인데, 어떻게든 좋은 자리를 차지해야만 암컷을 만날 수 있기 때문이란다.

사실 이곳을 무심결에 지나치면, 쇳빛부전나비 수컷들의 치열한 생존경쟁이 보일 리 없다. 작기도 하지만 앉으면 마치 녹슨 쇠 같아, 웬만해서는 눈에 띄지 않는다.

요사이 애완동물이 재롱부리는 모습을 보고 좋아하는 이들이 많은데, 양지바른 숲길 나뭇가지 끝에서 떨어지지 않으려고 안간힘 쓰는 쇳빛부전나비야말로 재롱다운 재롱을 피우는 것이 아닐까 싶다.

날개 편 길이: 20~29mm
좋아하는 꽃색: 흰색, 보라색, 분홍색
잘 모이는 장소: 양지바른 숲길가 풀밭이나 야트막한 언덕
볼 수 있을 때: 4~6월(연 1회)
광릉 숲에서 볼 수 있는 장소: 화목원에서 관목원 사이

마른풀 위에서 재롱부리는 쇳빛부전나비는 날개 색이 녹슨 쇠 같다(아래).

바람처럼 나타난 봄의 전령

산푸른부전나비 *Celastrina sugitanii*

이른봄 아지랑이가 담뿍 피어나는 농촌의 들녘에는 푸른부전나비가 어김없이 먼저 모습을 드러내고, 산에는 푸른부전나비에 앞서 같은 계열의 다른 나비가 먼저 나타난다. 날개 색이 더 짙푸르고, 날개 아랫면에 나타난 점들이 유난히 뚜렷한 산푸른부전나비가 그 주인공이다.

원래 광릉은 임업을 연구하던 생물다양성의 보고(寶庫)로, 곳곳에 쓸모있는 자원식물을 많이 심어놓았다. 아마 나무의 쓰임새를 연구했던 모양이다. 이런 이유로 심어놓은 나무가 수백 종에 달했다고 한다.

그 가운데 황벽나무와 층층나무를 심어놓은 주변에 가면, 유독 산푸른부전나비가 그곳을 터전 삼아 살아간다. 애벌레가 이 나무들의 꽃과 열매를 먹고 자라기 때문이다.

광릉의 깊은 숲길에 쪽빛보다 더 짙은 산푸른부전나비가 날아다닐 즈음이면, 광릉 숲은 새로 움트는 연초록 새싹이 넘실대고 이윽고 봄의 생기가 넘쳐난다.

날개 편 길이: 27~31mm
좋아하는 꽃색: 노란색, 보라색
잘 모이는 장소: 황벽나무숲 주변 길 가장자리 풀밭
볼 수 있을 때: 4~5월(연 1회)
광릉 숲에서 볼 수 있는 장소: 식 · 약용식물원

산푸른부전나비 수컷의 날개 윗면은 새파란 빛을 띤다(왼쪽).
어지간해서 날개를 펴지 않는 산푸른부전나비 암컷(아래).

나방 같아 보이는 나비

멧팔랑나비 *Erynnis montanus*

나비와 나방은 왠지 달라 보이지만, 엄밀히 말하면 같은 족속이다. 우리나라와 영국 · 일본에서는 이를 구분하지만, 북한이나 프랑스는 나비를 '낮나비' 나방을 '밤나비'로 나누어 특별히 구분하는 분위기는 아니다.

그런데 나비이면서 꼭 나방처럼 생긴 녀석이 있다. 이른봄 산길에서 자주 마주치는 멧팔랑나비가 그렇다.

멧팔랑나비는 나비 중 드물게 몸에 털이 많고, 앉을 때 날개를 수평으로 편다. 날개도 흑갈색과 황색이 섞여 언뜻 보아도 나방처럼 우중충한 빛깔을 띠고 있어서, 땅바닥이나 낙엽 위에 앉으면 여간 알아내기가 어렵다.

날개 편 길이: 34~41mm
좋아하는 꽃색: 보라색, 흰색
잘 모이는 장소: 양지바른 숲 가장자리 풀밭
볼 수 있을 때: 4~5월(연 1회)
광릉 숲에서 볼 수 있는 장소: 화목원, 약초원 등

멧팔랑나비는 나방같이 보이나 엄연히 나비이다(위).
물가에 날아온 멧팔랑나비(아래).
멧팔랑나비는 고추나무 꽃의 꿀을 빠는 일이 많다(오른쪽).

특별히 몸에 털이 많은 것과 날개를 접지 않고 수평으로 펴는 이치야, 햇빛을 최대한 흡수해 보자는 의도일 것이다. 게다가 에너지를 최대한 아끼려고 한번 날아도 가깝게 이동하는 일이 많다.

초여름으로 접어드는 5월까지 살아 있는 암컷은 흔히 고추나무 꽃에 날아와 꿀을 빨곤 한다. 날개보다 몸이 커서 꽃을 붙잡고 대롱대롱 매달린 모습이 우스꽝스러워도, 처절한 삶을 이어가는 이네들의 행동을 이해하기란 결코 쉽지 않다.

대왕나비

여름 나비

광릉 숲의 여름은 여느 계절을 압도하는 듯한 힘이 용솟음친다. 계곡마다 풍성한 생명수가 넘쳐나고, 뻗쳐오르는 듯한 나무들의 생명력에 나비의 현란한 춤이 잘 어우러진다.

광릉 숲에 머무는 여름철 나비들은 활기찬 숲을 맛깔스럽게 덧칠해 주고 있으며, 나무 사이를 아슬아슬 넘나드는 이들의 곡예를 바라보다 보면 어느덧 더위 따위는 싹 잊게 된다. 이런 정경을 누구나 꼭 보았으면 하는 바람 간절하다.

숲속에 나들이 나온 선녀

선녀부전나비 *Artopoetes pryeri*

봄이 지나고 무더위가 찾아오는 길목에 제일 먼저 모습을 보이는 녀석이 선녀부전나비이다. 온종일 잎 위에 앉아 움직이지 않고 있다가 해가 떨어질 무렵 서식지 주변을 날아다닌다.

혹시나 선녀부전나비를 볼 수 있을까 해서 숲속으로 들어가 보면, 낯선 곤충들이 불쑥불쑥 나타난다. 낙엽을 밟는 소리에 놀라 날아가는 나방류며 나뭇잎 위에서 뚝 떨어지는 머리가 큰 머리대장류, 넘어졌다 튕겨서 몸을 일으키는 방아벌레류, 버섯 속에서 활동하는 버섯벌레류 들이다.

이들과 맞부딪치기를 여러 번, 드디어 한낮의 뜨거운 햇살을 피해 나뭇잎 위에서 쉬고 있는 선녀부전나비를 만날 수 있으면 행운이다. 새하얗고 끝에 작은 점박이가 아로새겨져 있는 선녀부전나비가 하늘거리듯 나풀대는 옷을 입고 몸을 이리저리 천천히 움직이며 고전춤을 추고 있는 듯한 모습은 여간 아름다워 보이지 않는다.

생김새가 푸른부전나비의 암컷과 닮아 1943년경까지는 푸른부전나비류로 취급해 왔다고 한다. 그후 연구가 진행되면서 이 나비를 녹색부전나비류로 분리하게 되었다. 하기야 생김새뿐 아니라 습성 또한 푸른부전나비와 빼닮은 점이 많으므로 그럴듯한 얘기이다.

날개 편 길이: 36~41mm
좋아하는 꽃색: 흰색
잘 모이는 장소: 참나무숲 주위
볼 수 있을 때: 5~7월(연 1회)
광릉 숲에서 볼 수 있는 장소: 관목원

선녀부전나비(왼쪽)와 푸른부전나비 암컷(오른쪽)은 너무 닮아 야외에서 종종 혼동한다.
다소곳이 선녀처럼 앉아 있는 선녀부전나비(아래).

광릉을 금강산으로 착각한 나비

금강산귤빛부전나비 *Ussuriana michaelis*

광릉에서 가장 높은 곳으로, 일반인의 출입이 허용되지 않는 소리봉이 있다. 해발고도가 536.8m이며, 정상에서 내려다보면 아름다운 숲이 장대하게 펼쳐진다. 이곳이 금강산만 못하겠지만 금강산이지 싶어 만족해하며 살아가는 금강산귤빛부전나비가 있어 소개한다.

금강산귤빛부전나비는 물푸레나무 줄기 낮은 위치에 알을 낳아 월동하고, 새싹이 돋는 봄에 애벌레 시기를 거쳐서 5월 말부터 7월 초까지 광릉 숲을 날아다닌다.

어찌나 날개가 연약하고 비늘가루가 잘 떨어지는지, 야생에서 날개가 온전한 녀석을 찾기란 하늘의 별 따기이다. 한번은 이른 아침에 광릉 숲을 거닐다가 막 날개돋이를 한 녀

석을 발견한 적이 있다. 한번도 날지 않았으므로 녀석의 날개는 흠집 하나 없는 상태였다.

햇빛에 날개를 벌리기도 하고, 나뭇잎 위를 걸어다니기도 하는데, 녹색을 배경으로 한 진한 주황빛 날개가 그렇게 찬란해 보일 수가 없었다. 마치 단풍에 물든 금강산을 보는 듯하였으니, 이 나비에 명산 금강산이란 이름이 붙은 까닭을 알겠구나 싶었다.

날개 편 길이: 34~36mm
잘 모이는 장소: 물푸레나무숲 주변
볼 수 있을 때: 7~8월(연 1회)
광릉 숲에서 볼 수 있는 장소: 육림로에서 소리로

물푸레나무는 금강산귤빛부전나비의 알과 애벌레가 살아가는 장소이다(왼쪽).
광릉 숲을 금강산으로 착각하고 사는 금강산귤빛부전나비(위).
금강산녹색부전나비와 먹이식물이 같은 붉은띠귤빛부전나비는 광릉 숲에서 보기 힘들다(원 안).

암컷이 더 예쁜 멋쟁이

암고운부전나비 *Thecla betulae*

사람과 달리 흔히 동물들은 암컷보다 수컷이 더 예쁜 종류가 많다. 닭도 그렇고, 공작 · 앵무새도 그렇다. 사바나 초원의 수사자 갈기는 천하를 호령하는 용맹성의 상징이기도 하지만, 사실 암컷보다 잘생겼다. 이는 수컷이 암컷에게 잘 보이기 위해 몸을 치장한 결과이다.

우리나라에 사는 나비들은 대개 수컷의 날개 색이 밝고 예쁜 무늬가 들어 있는 편이다. 그래서 수컷은 밝은 길가에 잘 날아다닌다. 이에 비해 암컷은 어두운 곳에 머무는 경우가 많은데, 날개 색이 어둡고 무늬도 덜 예쁘다.

하지만 늘 그런 것만은 아니다. 예외로 암컷이 더 고운 나비가 하나 있다. 암고운부전나비가 그렇다. 수컷은 날개 윗면이 온통 숯검댕이지만, 암컷은

날개 편 길이: 38~46mm
좋아하는 꽃색: 흰색, 분홍색
잘 모이는 장소: 복숭아, 자두, 매화 나무가 있는 주변 산지
볼 수 있을 때: 6~10월(연 1회)
광릉 숲에서 볼 수 있는 장소: 화목원

복숭아나무나 매화나무 주변을 배회하다 쉬고 있는 암고운부전나비 수컷(왼쪽).
암고운부전나비의 암컷(오른쪽 아래)은 수컷(오른쪽 위)보다 훨씬 예쁘다.
복숭아나무에 꽃이 필 무렵 암고운부전나비는 알에서 부화한다.

주홍빛 둥근 무늬가 들어 있어 누가 보아도 분명 암컷 쪽이 예쁘다.

아마 이들의 삶터가 사람들이 사는 마을 주변 복숭아나무나 매화나무가 많은 곳이라 인간과 닮으려 했는가 보다. 그래서 그런지 이들은 결코 마을 주변을 멀리 떠나는 법이 없다.

쉼 없이 춤을 추는 무희

귤빛부전나비 *Japonica lutea*

광릉 숲은 5월 말부터 본격적으로 녹색부전나비류의 시즌에 들어간다. 녹색부전나비류는 그리스어로 제피루스(Zephyrus)라고 부르는데, '서풍의 신'이라는 뜻을 가지고 있다. 신비로운 모습의 이들은 우리나라에 24종이 알려져 있으며, 그중 하나가 귤빛부전나비이다.

귤빛부전나비는 날개 가장자리의 까만 테두리만 제외하고는 온통 귤빛을 띤 멋쟁이이다. 평소에 앉을 때는 날개를 접는데, 날개 아랫면의 은색 줄무늬 두 개가 시원스런 폭포수가 금방 떨어질 듯 돋보인다.

바람이 심하게 분 다음날 아침 해뜨기 전에, 귤빛부전나비는 이슬을 담뿍 머금은 풀잎 위에 편안히 앉아 쉬곤 한다. 아마 밤새 시달린 탓이겠지만, 풀밭 위 여기저기에 황금빛 나비가 앉아 있는 모습은 푸른 물 위에 떠다니는 노란 낙엽처럼 매우 인상적이다.

더구나 한자리에만 있지 않고 조금씩 자리를 옮겨가며 스텝을 밟는 모습이야말로 무도장의 노련한 무희답다. 그 무희들은 절대 쉬는 법이 없다. 그렇다고 격정적으로 춤을 추는 일 또한 없다. 언제나 한결같은 모습으로 최선을 다하여 춤추기를 계속한다.

날개 편 길이: 35~40mm
좋아하는 꽃색: 흰색
잘 모이는 장소: 참나무숲
볼 수 있을 때: 6~8월(연 1회)
광릉 숲에서 볼 수 있는 장소: 육림로에서 소리로

오전에 움직임이 없는 귤빛부전나비는 저녁 무렵 춤을 추듯 날아다닌다(아래).

도시가 그리운 고독자

시가도귤빛부전나비 *Japonica saepestriata*

최근 지구가 온실가스에 의해 데워지면서 6월 초에 부는 바람결에도 꽤 시원함을 느끼게 된다. 꼭 무더워서가 아니더라도 선선한 그늘에 들어서는 것이 자연스럽다. 이즈음에 숲속 그늘로 슬그머니 날아와 자리잡는 나비가 있다. 시가도귤빛부전나비이다.

귤빛부전나비처럼 날개가 귤빛을 띠고 날개 모양 또한 별로 다를 바 없으나, 날개 아랫면 무늬는 영 딴판이다. 검고 네모난 작은 점들이 도시의 건물처럼 질서 있게 늘어선 모습을 하고 있기 때문이다.

사실 도시 주변을 아무리 둘러보아도 시가도귤빛부전나비를 발견하기는

날개 편 길이: 33~39mm
잘 모이는 장소: 참나무 주변
볼 수 있을 때: 6~8월(연 1회)
광릉 숲에서 볼 수 있는 장소: 육림로에서 소리로

날개에 시가지 모양 무늬를 그려넣은 시가도귤빛부전나비(왼쪽).
빌딩숲이 된 서울에도 과거에는 시가도귤빛부전나비가 많았다(오른쪽).

쉽지 않다. 옛날 서울은 지금처럼 복잡하지 않았을 것이고, 자연환경과 인공적인 부분이 잘 어우러져 있어서 분명 이 나비도 살았을 텐데….

광릉 숲 깊은 골짜기 나무그늘에서 시가도귤빛부전나비는 지난날의 서울 같은 도시의 주변을 맴돌던 시절이 그리웠는지, 날개에 온갖 시가지(市街地) 모양을 그려놓고 홀로 속태우는 듯 안타까워 보인다.

참나무를 못내 떠나지 못하는

참나무부전나비 *Wagimo signatus*

우리나라를 대표하는 나무로 〈애국가〉에도 나오는 소나무를 든다면 큰 무리가 없을 듯싶다. 소나무는 햇빛이 잘 내리쬐고 나무끼리 경쟁이 적은 곳에 산다. 다시 말하면 부대끼지 않고 넉넉한 분위기를 음미할 줄 아는 고고한 식물이다.

이에 견주어 참나무는 모진 풍파 다 거친 잡초 같은 존재이다. 오죽하면 참나무를 비롯하여 여러 나무를 잡목이라고 할까. 이렇다 보니 경쟁력도 대단하다. 참나무가 꽉 들어차면 소나무는 죽어간다.

광릉의 숲에도 참나무가 꽤 들어차 있다. 그래서 잡목의 대표 격인 참나무에 붙어사는 곤충도 헤아릴 수 없이 많다. 참나무 잎을 먹기도 하고, 속을 파먹기도 하며, 상처에서 나오는 진을 빨아먹기도 하면서 산다. 또 참나무가 죽으면, 여러 곤충이 달라붙어 나무를 해체시킨다. 한마디로 참나무는 곤충들의 생존의 장이며, 보금자리인 것이다.

이렇듯 생산성이 뛰어난 참나무의 잎에서 한평생 떠나지 못하는 나비가 있다. 참나무부전나비인데, 가끔 서울의 외딴 곳인 고궁에도 나타나지만 웬만해서 주변 참나무숲을 떠나지 않는다.

참나무부전나비야말로 참나무의 진정한 벗이기 때문이다.

날개 편 길이: 30~35mm
좋아하는 꽃색: 흰색
잘 모이는 장소: 참나무숲
볼 수 있을 때: 6~8월(연 1회)
광릉 숲에서 볼 수 있는 장소: 육림로에서 소리로

종묘와 같은 고궁의 참나무숲에도 참나무부전나비는 나타난다(왼쪽).
참나무숲 주변을 좀처럼 떠나지 않는 참나무부전나비(아래).

꼬리가 긴 숨은 재주꾼

담색긴꼬리부전나비 *Antigius butleri*

장마가 닥치기 전 초여름은 동식물들이 분주해지는 때이다. 특히 새는 장마가 길어지년 그만큼 생존에 위협을 느끼게 된다. 곤충을 먹이로 하면서 새끼를 기르는 중인 어미새의 경우, 장마는 새 생명들을 앗아가는 원수 같은 존재이다. 비가 내리면 주요한 먹잇감인 곤충이 날아다니지 않고 숨어 지내는지라, 이렇게 가만히 있는 곤충을 찾기는 하늘의 별 따기이기 때문이다.

곤충도 마찬가지다. 초여름에 나타나는 곤충의 경우, 장마가 닥치기 전에 생식활동을 마쳐야 된다. 일단 비가 내리면 날개가 금방 비에 젖기도 하지만 기온이 내려가 날 수 없는 처지가 된다. 이렇듯 오래도록 비가 내리면, 새나 곤충들이나 먹이를 구하는 데 어려움을 겪게 되니 몸 속 에너지는 곧 바닥나 버린다.

담색긴꼬리부전나비는 본격적인 장마가 다가오기 전에 서둘러 짝을 찾아 나서기 일쑤이다. 해질 무렵 수컷들은 암컷을 탐색하며 날아다니는데, 꼬리가 길어서 여간 불편한 게 아니다. 개중에는 운 좋게 멀지 않은 곳에서 배우자를 만나기도 하지만, 대부분 여러 차례 험난한 나뭇가지 사이를 건너다녀야 하는 번거로움을 감수해야만 한다.

분명 긴 꼬리가 불편해 보이긴 해도, 꼬리를 흔들어대면서 넘나드는 모습은 마치 노련한 원숭이의 재주를 보는 듯하다.

날개 편 길이: 31~36mm
좋아하는 꽃색: 흰색
잘 모이는 장소: 참나무숲
볼 수 있을 때: 6~8월(연 1회)
광릉 숲에서 볼 수 있는 장소: 육림로에서 소리로

장마가 닥치기 전에 짝짓기를 서두르는 담색긴꼬리부전나비(위).
담색긴꼬리부전나비는 야외에서 관찰하기가 매우 어렵다(아래).

팔자 좋은 은빛 신사

물빛긴꼬리부전나비 *Antigius attilia*

장마가 지루하게 길어지다 보면, 때때로 청명한 하늘이 그리워진다. 장마가 끝나면 무더워질 게 뻔해도 말이다.

한번은 장마중에 비가 잦아드는 때를 기다려 광릉 숲을 찾아가 보았다. 기다란 나무들이 도열하듯 정돈된 숲속에는 안개가 가득하여 신비경에 휩싸여 있었다. 큰 나무 아래에는 음지 성향의 풀들이 무성히 자라 있고, 이슬 맺힌 풀들 사이로 헤쳐가다 보면 어느새 바짓가랑이 아래쪽이 흠뻑 젖는다.

잠시 해가 들어 따가운 햇살이 숲 이슬에까지 다다르면, 주위는 온통 화사한 진줏빛으로 잔칫상을 벌여놓은 듯 찬란하다. 그 사이에서 날개 아랫면에 검은 띠 하나를 두른 '은빛 신사' 물빛긴꼬리부전나비가 앉아 멋부리는 모습이 우연히 눈에 띄면, 숨이 멎는 듯 멈춰서게 된다.

물빛긴꼬리부전나비는 보통 햇빛이 은은히 비치는 숲속에 홀로 앉아 있는 일이 많은데, 운 좋게 먼저 본 것이다. 점잖게 앉아 있는 모습이 너무 얄미워, 주변 풀을 살짝 건드려보았다. 다른 나비 같으면 소스라쳐 날아갈 텐데, 이 나비는 영 딴판이다.

바로 옆 풀잎으로 자리만 옮겨 날개를 천천히 움직이기도 하고 더듬이를 다듬기만 할 뿐, 느긋이 여유를 부린다. 한마디로 신수가 훤한 신사답다.

날개 편 길이: 27~31mm
좋아하는 꽃색: 흰색
잘 모이는 장소: 참나무숲
볼 수 있을 때: 6~8월(연 1회)
광릉 숲에서 볼 수 있는 장소: 죽엽로

숲속에서 꼼짝 안 하는 물빛긴꼬리부전나비(왼쪽).

사파이어 왕자

은날개녹색부전나비 *Favonius saphirinus*

한번은 녹색부전나비를 길러보기 위해 알을 채집할 목적으로 겨울 광릉 숲을 갔다. 나무키가 낮은 관목원 주위를 돌며, 햇빛에 잘 노출되는 참나무 겨울눈을 하나씩 살펴보았다. 특이하게도 녹색부전나비류의 알은 참나무의 겨울눈 아래에서 잘 발견되기 때문이다.

어렵사리 20여 개를 챙겨서 집으로 돌아와, 냉장고에 잘 보관하였다. 그리고는 겨울눈이 붙어 있는 참나무 줄기를 20cm 정도 크기로 한움큼 꺾어와서 화병에 꽂아 창가에 두었다.

어느덧 창가에서 물을 잔뜩 머금은 참나무 겨울눈이 싹을 틔울 무렵, 냉장고에 보관해 두었던 알들을 새싹 위에 살짝 올려놓아 두니 얼마

날개 편 길이: 33~38mm
잘 모이는 장소: 참나무숲
볼 수 있을 때: 6~8월(연 1회)
광릉 숲에서 볼 수 있는 장소: 육림로에서 소리로

은날개녹색부전나비 수컷의 날개 윗면은 쪽빛 하늘을 연상시킨다(위).
은날개녹색부전나비는 날개 아랫면 색 때문에 이름이 바뀌었다(아래).
참나무의 새싹을 먹고 자라는 은날개녹색부전나비 애벌레(오른쪽 원 안).
은날개녹색부전나비는 관목원 주위의 참나무숲 주변에 많다(오른쪽).

안 되어 애벌레가 깨어나왔다. 애벌레는 주저 없이 참나무의 어린순을 파고 들어가 먹어대기 시작하였다.

한 달 후, 짚신처럼 생긴 애벌레가 손가락 한 마디만큼 커지더니 화병에서 내려와 번데기가 되었다. 그리고 나서 일주일이 지나자, 창가에는 광릉의 은날개녹색부전나비 수컷 한 마리가 붙어 있었다.

원래 이 나비는 '사파이어'라는 이름으로 불려왔는데, 어느 노학자가 우리말 식으로 '은날개'로 바꾸었다. 굳이 따진다면 '사파이어'라는 표현은 수컷 날개 윗면의 색을 강조한 것이고, '은날개'는 날개 아랫면의 색을 강조한 것이다. 나름대로 다 의미 있는 이름이다.

검정 날개로 치장한

검정녹색부전나비 *Favonius yuasai*

녹색부전나비류는 원래 수컷 날개가 녹색이고, 암컷은 검은색을 띤다. 하지만 수컷의 녹색 날개 빛도 한 가지 색이 아니라, 보는 각도에 따라 미묘하게 달라진다. 이를 구조색이라고 부른다. 이렇게 한 개체의 날개 빛이 변화무쌍한데다 종끼리도 조금씩 다르다.

녹색부전나비의 수컷들은 맑은 아침 낮은 풀 위에서 날개를 펴고 앉는 일이 많은데, 종류에 따라서 햇빛에 반사되는 녹색 날개 빛이 좀더 금색(金色)을 띠거나 파란빛을 더 띠는 등 차이가 난다.

하지만 검정녹색부전나비만큼은 유일하게 예외라 할 수 있다. 수컷도 암컷처럼 검은색을 띠기 때문이다. 이 나비의 암수 차이는 고작 날개 끝 모양으로 판별할 수 있을 따름인데, 뾰족하면 수컷이고 둥글면 암컷이다.

특이한 점은 세계에서 한국과 일본에만 좁게 분포하여, 과연 어느 나라가 원산지인지 궁금해진다. 우리나라에서는 경기도와 강원도 일부 지역에만 국한되어 아주 독특하게 진화한 종이며, 관찰하기 매우 어려운 희귀종으로 알려져 있다.

그래서 그런지 광릉 숲에서 검정녹색부전나비를 만나게 되면, 여간 흥분되지 않는다. 이런 금쪽같은 기회는 나비를 오래 관찰한 사람일지라도 평생 한두 번밖에 찾아오지 않기 때문이다.

날개 편 길이: 33~38mm
잘 모이는 장소: 굴참나무숲
볼 수 있을 때: 6~8월(연 1회)
광릉 숲에서 볼 수 있는 장소: 죽엽로

검정녹색부전나비 암컷이 물을 마시기 위해 숲 바닥에 내려왔다(원 안).
굴참나무는 검정녹색부전나비의 애벌레가 먹고 사는 먹이식물이다(오른쪽).

녹색부전나비의 얼굴마담

산녹색부전나비 *Favonius taxila*

신록이 더해 가는 6~7월에 들어서면 산길 모퉁이 넓어진 공간에는 어김없이 녹색부전나비들이 꽉 들어찬다. 계곡과 가까운 곳은 암붉은점녹색부전나비가, 산꼭대기 쪽에는 큰녹색부전나비가 일정한 공간을 차지하고서 삐죽이 나와 있는 잎 위에 앉아 있곤 한다. 나비들에게서 공간을 점유하는 행동은 수컷들에게만 나타난다.

녹색부전나비는 활기찬데다 예쁜 탓에, 한번 준 눈길은 좀처럼 떼기가 어렵다. 하지만 워낙 빠르고 같은 색 계열인 신록이 배경이어서 그다지 돋보이지 않는 것이 일반 사람들의 주목을 받지 못하는 까닭이기도 하다.

한번은 녹색부전나비류 중 어떤 종류가 가장 많은지 조사한 적이 있었다. 산책로를 따라 걸어가면서 오전 10시경부터 일일이 헤아려보았다. 결과는 대부분 산녹색부전나비였고, 이어 암붉은점녹색부전나비가 많았다.

이 결과를 볼 때, 산녹색부전나비는 어느 산에서나 볼 수 있는 흔한 종이다. 사실 같은 시기에 나비의 밀집도로 따져본다면, 아마 눈에 확 들어오는 배추흰나비보다 밀도가 크다고 할 수 있다. 그러나 분포 면에서 대한민국 어디에서도 볼 수 있는 종류는 산녹색부전나비가 아니고 배추흰나비나 큰녹색부전나비일 것이다. 왜냐하면 이 두 종은 산녹색부전나비가 살지 않는 울릉도에도 살기 때문이다.

날개 편 길이: 32~38mm
좋아하는 꽃색: 흰색
잘 모이는 장소: 참나무숲
볼 수 있을 때: 6~8월(연 1회)
광릉 숲에서 볼 수 있는 장소: 죽엽로와 소리로 주변

광릉 숲에서 제일 흔한 산녹색부전나비. 수컷이 햇빛을 받기 위해 날개를 벌리고 있다(왼쪽).
산녹색부전나비 암컷은 수컷에 견주어 날개 색이 어둡다(아래).

꼬리의 비밀을 간직한

넓은띠녹색부전나비 *Favonius cognatus*

부전나비들 중에는 뒷날개의 항각(肛角) 부근에 꼬리 모양 돌기가 나 있는 종류가 많다. 그래서 꼬리에 이 돌기가 왜 생겨났는지 여간 궁금한 게 아니었다. 날아다니기에 불편해 보이기도 하고, 앉을 때마다 거추장스러울 것 같기도 하기 때문이다.

하지만 부전나비들이 앉아 있을 때, 위에서 내려다보면 그 이유를 조금 깨달을 수 있게 된다. 내려다보면 머리 반대편에 또 다른 머리가 있는 것처럼 보이기 때문이다. 꼬리 모양 돌기가 또 다른 더듬이 같고, 이 돌기가 난 부분은 또 다른 머리 같다. 그러니 천적에게 공격을 받을 때, 혼란을 일으켜 돌기 쪽으로 공격받음으로써 머리 쪽은 안심할 수 있게 된다. 그래서 그럴까? 야외에서 이 꼬리 돌기가 찢겨져 나간 채 날아다니는 녀석을 여러 차례 볼 수 있었다.

넓은띠녹색부전나비는 이러한 방어전략을 극대화시키고 있다. 천적을 속이기 위해 이같은 전략을 구사했다고 하지만, 우리의 눈에는 가련해 보이도록 하는 마력도 있다. 비록 날래 보여도 타고난 가련함을 어찌 감출 수 있으리오.

날개 편 길이: 34~37mm
잘 모이는 장소: 참나무숲
볼 수 있을 때: 6~8월(연 1회)
광릉 숲에서 볼 수 있는 장소: 육림로에서 소리로 주변

녹색부전나비류 수컷은 날개를 벌리면 녹색빛이 아주 돋보인다(위).
넓은띠녹색부전나비가 조용한 숲속에서 짝짓기에 열중이다(아래).

초원으로 날아온 흑장미

참까마귀부전나비 *Fixsenia eximia*

까마귀부전나비류는 몸과 날개가 온통 검댕이 칠을 한 듯 까맣다. 이름에 '까마귀'가 들어간 것도 따지고 보면 이런 모습에서 유래했다.

일반적으로 나비는 날개가 검으면 햇빛에 노출되기를 꺼린다. 날개의 검은 부분이 필요 이상의 열을 흡수하게 되어 죽을 수도 있기 때문이다. 하지만 참까마귀부전나비는 검은색 날개를 가졌으면서도, 햇빛이 강렬한 초원에 겁 없이 나온다.

어떻게 그럴 수 있을까? 사실 이에 대한 해답이 될 만한 단서는 뚜렷하지 않으나, 먹이를 좀더 많이 얻고 편안한 생식활동을 하기 위해 숲생활을 청

산한 것이 아닌가 싶다.

참까마귀부전나비에게서 초원생활을 자유롭게 할 수 있는 지혜를 발견해 낸다면, 이 나비를 좀더 잘 이해할 수 있으리라 본다. 특히 앉을 때마다 항상 날개를 수직으로 세워 햇빛에 덜 노출시키는 지혜를 십분 발휘한다.

비록 검게 생겼다지만 뒷날개에 제법 큰 붉은 점무늬가 있어서, 초원으로 날아온 참까마귀부전나비에게서 장미 같은 품격을 느낄 수 있다. 하지만 예뻐서라기보다 가시로 적을 물리칠 줄 아는 장미와 같은 지혜로움이 있어서이다.

날개 편 길이: 29~36mm
좋아하는 꽃색: 흰색
잘 모이는 장소: 확 트인 숲길 주변
볼 수 있을 때: 6~7월(연 1회)
광릉 숲에서 볼 수 있는 장소: 평화원, 습지원

참까마귀부전나비가 잘 날아와 붙는 개망초(왼쪽).
참까마귀부전나비는 날개가 검댕이 칠을 한 듯 검다(위 왼쪽).
참까마귀부전나비와 견주어 숲생활에 더 적응한 까마귀부전나비(위 오른쪽).

벚꽃을 좋아하는 유랑자

벚나무까마귀부전나비 *Fixsenia pruni*

몇몇 고궁이나 대학 구내처럼 벚나무를 대량으로 심어놓은 곳들이 많다. 사람들은 벚꽃이 만개하면 그 아래로 몰려와 사진도 찍고 거닐면서 농익은 봄을 만끽하곤 한다. 심지어 자리를 펴고 눌러앉는 이들도 심심찮게 볼 수 있다. 지금의 벚꽃놀이야 사실 일제시대의 유산이라고 하지만, 으레 있어온 연례행사처럼 우리 생활에 녹아들었다.

벚꽃은 필 때도 아름답지만 꽃이 질 때 흩뿌리는 꽃잎 또한 흰 눈발처럼 매우 아름답다. 그런데 꽃이 지고 잎이 자라야 비로소 벚나무 주위에서 모습을 드러내는 나비가 있어 소개한다. 벚나무까마귀부전나비이다.

벚나무까마귀부전나비는 벚꽃이 필 무렵에는 애벌레 상태이다. 그 애벌레가 벚꽃을 먹고 자라다가 꽃이 지고 잎이 돋아야만 나비로 날아다니게 된다. 갖은 고생 다하다가 이제 먹고 살 만하니 좋은 시절 다 지나갔다는 식의 허전함이 이 나비에게서 배어나온다.

광릉 숲속에도 군데군데 야생 벚나무가 자란다. 해마다 피고 지는 이들 벚꽃에서 꿀도 제대로 빨아먹어 보지 못하고, 게다가 내년 또 내년을 기약하기 어렵다. 벚꽃이 져야만 이 나비는 날아다닐 수 있을 따름이다.

날개 편 길이: 32mm 안팎
좋아하는 꽃색: 흰색
잘 모이는 장소: 벚나무숲 주변
볼 수 있을 때: 6~7월(연 1회)
광릉 숲에서 볼 수 있는 장소: 화목원

벚나무까마귀부전나비가 나들이 나와 신록을 만끽하고 있다(원 안).
왕벚나무꽃은 벚나무까마귀부전나비 애벌레가 먹는다(아래).

개미의 보호를 받는

쌍꼬리부전나비 *Spindasis takanonis*

최근 우리 주변에서 야생동물들의 자취가 차츰 사라지고 있다. 아마 인간의 활동영역이 늘어나면서 생긴 환경재앙의 하나가 아닐까 싶다.

국제자연보호연맹(IUCN)에서는 이렇게 사라질 위험에 놓인 동·식물들을 적색 목록(Red Data)에 올려서, 전세계 사람들에게 경각심을 고취시키고 있다. 우리나라도 이에 발맞추어 환경부에서 멸종에 다다를 위험이 있거나 환경에 취약한 종들에 대한 보호에 앞장서, 몇몇 종들에 대해서 법적인 보호조치를 하고 있다.

우리나라에서는 곤충 가운데, 현재 광릉 숲에서만 산다는 장수하늘소가 유일하게 천연기념물로 지정되어 있다. 이외에도 여러 곤충들이 법적인 보

날개 편 길이: 32~34mm
좋아하는 꽃색: 흰색
잘 모이는 장소: 숲 가장자리 풀밭
볼 수 있을 때: 6~7월(연 1회)
광릉 숲에서 볼 수 있는 장소: 죽엽산

환경부 법적 보호종인 쌍꼬리부전나비가 개망초꽃에서 꿀을 빨고 있다(왼쪽).
쌍꼬리부전나비 애벌레와 마쓰무라개미가 사는 고목(오른쪽).

호를 받고 있는데, 그중 하나가 쌍꼬리부전나비이다.

'쌍꼬리'라는 이름은 뒷날개에 돌기가 두 쌍 달려 있는 것 때문에 붙여졌다고 한다. 하늘거리듯 연약해 보이는 돌기의 생김새와 달리, 특이하게 애벌레는 뭇 곤충들이 두려워하는 개미집 속에서 산다. 썩은 고목에 산다는 '마쓰무라꼬리치레개미'가 쌍꼬리부전나비의 애벌레를 양육한다.

그래서 쌍꼬리부전나비를 보호하자면, 개미가 사는 고목을 없애는 일이 없도록 하는 것부터 시작해야 할 것 같다.

개미 친구 담흑부전나비 *Niphanda fusca*

개미 때문에 골치를 썩는 가정이 늘고 있다. 개미는 어떤 환경에서든 비교적 잘 적응하는 무리이다. 사회성이 강하고, 심지어 다른 곤충들과도 협력하면서 살아갈 줄 아는 지혜로운 곤충이다. 게다가 이들의 '부지런해 보이는 행동'(?)은 「개미와 베짱이」 우화에서 보듯 우리 인간이 귀감으로 삼고 있을 정도로 유명하다.

개미와 협력관계를 유지하는 곤충으로는 아마 진딧물이 대표 격일 것이다. 이들을 공생관계로 설명할 수 있겠다. 즉 상호 이익을 주고받는 관계이다.

담흑부전나비도 이에 뒤지지 않는 것으로 여겨진다. 일본왕개미가 자신의 알과 애벌레를 먹이로 제공하면서까지 담흑부전나비의 애벌레에게서 분비되는 꿀을 받아먹기 때문이다. 사실 담흑부전나비의 입장에서 본다면, 분비한 꿀이야 일본왕개미를 끌어들이는 일종의 미끼인 셈이다.

이런 협력관계는 애벌레 시기에만 철저히 지켜진다. 일단 나비가 되면 개미는 다른 곤충처럼 먹이로만 인식할 뿐이고, 또한 나비의 입장에서도 개미는 함께 사는 동지가 아니라 자신을 노리는 적일 따름이다.

이렇듯 자연계에는 믿기 어려운 불가사의한 일들이 너무나 많다.

날개 편 길이: 32~41mm
좋아하는 꽃색: 흰색, 분홍색
잘 모이는 장소: 탁 트인 언덕이나 묘지 주변
볼 수 있을 때: 6~9월(연 2회)
광릉 숲에서 볼 수 있는 장소: 죽엽로

담흑부전나비 암컷은 왕개미가 다니는 길목에 알을 낳는다(왼쪽).
담흑부전나비와 왕개미의 관계는 개미와 진딧물처럼 공생관계이다(아래).

그리스 전사 카밀라

줄나비 *Limenitis camilla*

동물 중에는 주변과 닮아 보이게 하거나 천적들을 혼란스럽게 할 방어전략의 일환으로 몸과 날개에 줄무늬가 있는 경우가 있다. 줄나비도 이와 같은 전략을 쓴다. 날개 가운데로 가로지르는 흰 줄이 뚜렷하게 눈에 띄는 것말고는 몸과 날개는 흑갈색으로 되어 있는데, 이 흰 줄이 적들의 공격을 분산시키는 데 한몫 단단히 한다.

초기의 동물분류학자 린네는 이 줄나비에게 카밀라(Camilla)라는 이름을 붙였다. 카밀라는 그리스 신화에 나오는 전사로, 용맹을 떨치다 장렬하게 죽은 여인이다. 그녀는 어찌나 빨랐던지 밀밭 위를 달려도 밀 이삭이 밟히지 않고, 물 위를 달려도 발에 물이 묻지 않을 것 같았다고 한다.

물론 줄나비의 모습에서 여전사 카밀라와 같은 강인한 이미지는 찾아볼 수 없으나, 날 때 세찬 행동을 보면 어느 정도 이해는 된다. 아마 이런 행동이 린네를 특별히 감흥시켰던 것이 아니었나 싶다.

날개 편 길이: 45~58mm
좋아하는 꽃색: 흰색, 옅은 황록색
잘 모이는 장소: 산길
볼 수 있을 때: 5~9월(연 2~3회)
광릉 숲에서 볼 수 있는 장소: 화목원

아주 빠르게 날아와 앉는 줄나비(오른쪽 위).
풀 위에 앉아 있는 줄나비의 날개에 흰 줄이 돋보인다(오른쪽 아래).

길 위의 점령자

제일줄나비 *Limenitis helmanni*

토요일이나 일요일 혹은 공휴일에 수목원에 갔다가 입장하지 못해 낭패본 일이 있을 법하다. 워낙 이곳을 찾는 이들이 많아 수목관리의 어려움이 생기자, 국립수목원측이 '광릉 숲 보전'을 위하여 입장을 금지시킨 것이다. 모처럼 나들이 나온 시민들이야 아쉽겠지만, 광릉 숲은 생기를 되찾을 수 있게 되었다.

20여 년 전의 광릉 숲은 지금과 영 달랐다. 주변은 야생 숲의 상태가 고스란히 유지되어 있었다. 장현리에서 광릉으로 가는 길에 일반인들의 입장이 금지된 '평화원'이라는 곳이 있다. 이곳의 논에는 나비들이 떼지어 날았고, 저녁 무렵 시끌대는 개구리들의 합창소리는 일대 장관을 이루었다.

아무튼 수목원에 들어가지 못해 서운해하는 이들이 발길을 돌릴 즈음, 자그마한 광장의 축축한 시멘트바닥 위로 제일줄나비가 날아든다. 그동안 사람들에 의해 밀려나기만 했으나 오늘 같은 조용한 휴일에 마음놓고 먹이를 먹게 되니 기뻐하는 듯한 모습이 역력하다. 그 모습이 매우 인상적이다.

날개 편 길이: 46~56mm
좋아하는 꽃색: 흰색, 옅은 황록색
잘 모이는 장소: 야생화가 핀 산길
볼 수 있을 때: 5~9월(연 2~3회)
광릉 숲에서 볼 수 있는 장소: 육림로에서 소리로

공휴일에 잘 날아다니는 제일줄나비(오른쪽 위)
국립수목원은 월요일에서 금요일까지 개원한다. 이곳에 들어가기 위해서는 미리 예약을 해야 하며, 전화(031-540-1114) 혹은 인터넷으로 가능하다.

제일줄나비를 빼닮은

제이줄나비 *Limenitis doerriesi*

우리 나비의 이름에는 참 재미난 표현들이 많다. 우리 나비에 처음으로 과학적인 이름을 붙였던 나비학자 석주명 선생님은 토속적이고 우리 얼이 물씬 풍겨나는 이름 붙이기에 심혈을 기울였던 모양이다.

하지만 줄나비와 닮았으면서도 조금씩 무늬가 다른 세 종류의 이름은 꽤 고민을 했던 것 같다. 이들이 제일줄나비, 제이줄나비, 제삼줄나비이다. 예전에도 부모가 아이들의 이름을 짓는데, 마지막으로 태어난 아이는 고민을 거듭하다 말녀, 막둥이라는 식의 숫자 개념으로 처리했던 것과 같은 맥락으로 해석된다. 이 가운데 제일줄나비와 제이줄나비는 광릉에

살지만 제삼줄나비는 살지 않는다. 제삼줄나비는 강원도 추운 지역에서만 사는 희귀종이다.

아무리 살펴보아도 제일줄나비와 제이줄나비는 엇비슷하여 전문가들도 구별이 쉽지 않다. 더더욱 날아다니는 모습을 보면 그 나비가 그 나비이다. 초보자들은 도무지 알 수가 없다.

진화경로로 따져볼 때 아마 이들은 같은 종이었다가 지질시대 후반에 나누어진 가까운 무리일 듯싶다. 하지만 지금껏 이들 사이에 교잡된 잡종이 발견되지 않는 것으로 보아, 제각각 안정된 다른 종임에 틀림없어 보인다.

날개 편 길이: 44~58mm
좋아하는 꽃색: 흰색, 보라색
잘 모이는 장소: 야생화가 핀 산길
볼 수 있을 때: 5~9월(연 2~3회)
광릉 숲에서 볼 수 있는 장소: 화목원 주위와 평화원로 등

제일줄나비, 제이줄나비, 제삼줄나비는 아주 닮은 모습을 하고 있다(왼쪽 위에서부터).
제일줄나비와 닮은 제이줄나비(아래).

다람쥐보다 부지런한

굵은줄나비 *Limenitis sydyi*

광릉 숲을 거닐다 보면 여울을 몇 차례 지나가야 할 때가 있다. 대부분 복개를 하고 반듯한 다리가 생겨 자동차가 다니도록 편리해졌다. 하지만 예전의 운치는 훼손된 것 같아 아쉽기 짝이 없다. 물이 적은 봄과 가을에는 돌다리로 넘나들었고, 물이 넘치는 여름에는 멀리 돌아서 다녔지만, 전혀 힘들거나 불편하지 않았는데 말이다. 길을 가로지르는 개울 주변은 으레 축축해서 꽤 여러 종류의 나비들이 즐겨 찾는다.

6월 초 싱그러움이 익어가는 광릉 숲에 오랜만에 밤새 가는 빗줄기가 내렸다. 아침이 되자 맑게 갠 하늘의 햇살이 개울 주변을 환히 비춘다. 이내

굵은줄나비가 날아와 앉는다.

날개 중앙을 가로지르는 흰 띠가 여느 줄나비들보다 넓고 시원스러워, 한눈에도 굵은줄나비임을 알 수 있다. 몇 번이고 날았다 앉았다를 되풀이하더니 드디어 좋은 자리라 여겼는지, 진득하게 한곳에 머물며 무언가 열심히 빨아먹는다.

깊은 산속 여울가에 다람쥐보다 이 굵은줄나비가 먼저 나타나 물을 마시곤 한다.

날개 편 길이: 53~63mm
좋아하는 꽃색: 흰색
잘 모이는 장소: 조팝나무류 주변이나 산길
볼 수 있을 때: 6~8월(연 2회)
광릉 숲에서 볼 수 있는 장소: 화목원 주변

참나무 위에서 점유 행동을 하는 굵은줄나비(왼쪽).
복개를 한 여울목. 예전에는 이런 곳에 굵은줄나비가 잘 날아왔다(오른쪽).

나무냄새를 좋아하는 산신령

높은산세줄나비 *Neptis speyeri*

초여름의 신선한 숲은 매력적이다. 나뭇잎이 억세 보이지도 여려 보이지도 않는 참 보기 좋은 때이다. 특히 바람이 없고 맑은 날 아침은 삼림욕하기에 무척 좋은 날이다. 푸른 숲 사이를 바스락거리는 소리와 함께 걷고 있으면, 푸른 잎사귀들 위로 사뿐히 행글라이더처럼 활강하며 날아다니는 나비를 볼 수 있게 된다.

높은산세줄나비이다. 크기는 애기세줄나비보다 약간 커 보이고 좀더 힘있게 나는 정도일 뿐이다. 다만 희귀하기에 보고자 하는 이들이 많다.

높은산세줄나비는 숲이 우거지지 않으면 살지 않는다고 한다. 이런 점에서 볼 때 광릉 숲은 비록 높은 곳에 있지 않더라도 이 나비가 살기에 안성맞춤인 곳이다. 좋아하는 숲 그늘도 넉넉하고, 훈훈한 나무냄새도 그윽하며, 그 사이에 알맞게 젖어 있는 숲길도 있으니 '산신령' 같은 높은산세줄나비가 노닐기에 부족함이 없어 보인다. 광릉 숲길은 이래서 좋다.

날개 편 길이: 45mm 안팎
좋아하는 꽃색: 흰색
잘 모이는 장소: 산길이나 숲 가장자리
볼 수 있을 때: 6~7월(연 1회)
광릉 숲에서 볼 수 있는 장소: 육림로, 평화원로

나무냄새를 좋아하는 높은산세줄나비(왼쪽).
높은산세줄나비는 광릉 숲에서 아주 흔한 나비는 아니다(아래).

살랑살랑 바람을 탈 줄 아는

세줄나비 *Neptis philyra*

광릉 숲에 사는 나비들 가운데 천천히 날기로 따진다면 세줄나비를 따를 나비가 없을 듯싶다. 살랑살랑 손을 흔들며 횡단보도를 지나가는 아이들처럼 전진속도가 형편없이 느리다.

빠르게 나는 나비들을 살펴보면 몇 가지 특징을 찾아볼 수 있다. 우선 몸이 튼튼하다. 날개는 두꺼우며, 날개 끝이 뾰족하고 예리하다. 그리고 날개에 비해 몸이 큰 편이다. 결국 몸은 크고 날개는 작으니 떨어지지 않으려면 날갯짓을 빨리 해야 되겠고, 그러면 그만큼 빨리 나아갈 수 있게 된다.

세줄나비는 생김새로 보아 빨리 날기는 영 글렀다. 우선 몸은 작고 연약하다. 날개는 필요 이상 크며 끝이 둥그스름하다. 바람이 조금이라도 불면 이리저리 흔들려서 중심 잡기에 여념이 없다.

한번은 바람이 살랑살랑 부는 날 광릉 숲길을 걷고 있었는데, 세줄나비가 갑자기 나타나 앞장섰다. 처음에는 나뭇잎이 약간씩 흔들릴 정도로 불었으나 날씨가 흐려지면서 바람이 약간 거세어지자, 마치 술 취한 사람처럼 이리 흔들리고 저리 흔들리면서 날지 않는가.

그러면서도 어디에도 부딪치는 일은 없다. 가만히 보니 바람을 역이용하며 쉽게 나는 것이 역력했다. 그렇다. 이들은 자연의 순리에 순응하면서 살아갈 줄 아는 영특한 나비였던 것이다.

날개 편 길이: 41~57mm
잘 모이는 장소: 산길 또는 숲 가장자리
볼 수 있을 때: 6~7월(연 1회)
광릉 숲에서 볼 수 있는 장소: 평화원로, 소리로

빨리 날지 못하는 세줄나비가 물가에 날아왔다(아래).

우리 금수강산에서 살아온 나비

참세줄나비 *Neptis philyroides*

참세줄나비는 세줄나비와 닮았다. 그런데 이름을 풀이하다 보면 참세줄나비가 더 참되다는 식의 오해가 생길 여지가 있다. 참은 거짓의 반대이니 당연해 보이나, 이들을 참과 거짓으로 이분할 아무런 이유가 없다.

참세줄나비와 세줄나비는 날개의 흰 점무늬와 날개 아랫면의 바탕색이 조금 다를 뿐, 그외 생김새나 행동은 빼닮았다. 그런데 왜 이 나비만이 참일까?

이 의문을 풀려면 일제시대까지 거슬러 올라가야 한다. 그 당시엔 우리나라 생물학을 일본인들이 주도하고 있었다. 그들에게는 일본에 사는 종들이 주였고, 다른 나라에 분포하는 종들은 부차적인 것으로 생각되었다. 그래서 자기네의 것은 세줄나비이고, 식민지 조선의 이 나비는 '조선'이라는 말을 앞에 넣어 구별하였다. 그래서 조선세줄나비였다. 그러다가 뒤에 우리 학자

날개 편 길이: 54~66mm
잘 모이는 장소: 산길 또는 숲 가장자리
볼 수 있을 때: 5~7월(연 1회)
광릉 숲에서 볼 수 있는 장소: 육림로에서 소리로

일본에 분포하지 않는 참세줄나비(왼쪽).
참세줄나비들이 먹이를 먹기 위해 몰려들었다. 이런 장면은 흔치 않다(오른쪽).

가 조선이라는 말에 거부감을 느꼈는지 '참' 자로 바꾸어 참세줄나비로 된 것이다.

참줄나비, 참산뱀눈나비, 참알락팔랑나비 등이 다 이런 이유로 해서 생겼다. 즉 세줄나비는 일본과 한국에 있고, 참세줄나비는 우리나라에만 있다는 식이다.

연구가 진행되면서 일본에 분포하지 않는 참세줄나비는 과거 지질시대에 한국과 일본의 땅덩어리가 갈라진 후 새로 종이 분화되었거나 대륙에서 우리나라로 이주해 온 것으로 추정되고 있다.

시원스런 비상

왕세줄나비 *Neptis alwina*

수목원 안의 화목원 쪽에는 복숭아나무와 자두나무가 자라고 있다. 봄에 연분홍과 흰 꽃이 흐드러지게 피고 나면, 줄기에 붙어 있던 왕세줄나비의 애벌레가 서서히 몸을 키운다.

애벌레는 가슴 부위가 부풀어 있어 그 모습을 보노라면 마치 운동으로 단련된 가슴 넓은 남성을 연상하게 된다. 특별히 다른 애벌레와 다른 점이 있다면 움직임도, 먹는 것도 매우 느리다는 것이다. 거의 코알라 같은 느낌이 든다. 하루하루가 다르게 자라는 모습을 보면, 분명 적지 않은 양을 먹는 것 같은데 말이다.

드디어 초여름에 어른벌레들이 모습을 나타내면 수목원 내 화목원과 맹인식물원 주위는 바빠진다. 확 트인 공간으로 왕세줄나비가 활개치며 날아다니는 일이 종종 있기 때문이다. 그 모습을 보면 누구나 세줄나비류 중에서 가장 크고 힘차게 난다는 생각이 들 것이다.

바람을 일으키듯 질주하는 시원스런 비상을 볼 때마다 매번 후련해지는 느낌이다. 그야말로 이름값 한번 제대로 하는 나비가 분명하다.

날개 편 길이: 57~72mm
좋아하는 꽃색: 흰색, 엷은 황록색
잘 모이는 장소: 장미과 식물 주변의 숲, 개울가
볼 수 있을 때: 6~8월(연 1회)
광릉 숲에서 볼 수 있는 장소: 화목원

왕세줄나비가 동물의 배설물을 먹고 있다(왼쪽).
왕세줄나비 애벌레는 가슴 넓은 남성을 연상시킨다(원 안).
6~7월이면 수목원 내 화목원 주위에서 왕세줄나비의 비상을 볼 수 있다(아래).

벌꿀을 노리는 침입자

황세줄나비 *Neptis thisbe*

6월, 외국수목원의 스트로보잣나무숲에 들어서면 눅눅한 습기와 나무 향이 진동한다. 지루함이 전혀 느껴지지 않는 좁은 숲길을 따라가다 보면 풍경은 변화무쌍하다. 들메나무숲 아래로 음지식물이 가득하다가 어느새 바위투성이인 곳에 다다르면 숲이 성글어지고 하늘이 훤하게 뚫린다. 대개 이런 곳은 벌 치기에 좋은 곳이라 예전에는 토종벌을 치던 곳들이 많았다. 지금은 그 자리에 서양벌이 들어와 대신하고 있지만.

벌통이 놓인 자리에는 나비들이 가끔씩 찾아든다. 벌들이 꿀을 모아놓은 곳이라 그런지, 냄새에 이끌려오는 나비들이 꽤 많다. 이럴 때면 날개에 누런 띠 세 개를 두른 황세줄나비가 성큼 날아와 벌집 주위를 맴돈다.

하지만 만만치 않다. 벌들의 시선이 곱지 않기 때문이다. 그렇다고 애써 모아온 꿀을 노리는 나비를 몰아내는 것 같지도 않다. 아마 잠시 들른 옆집 아무개쯤으로 여기는지 벌들은 자기 일에만 열심이다.

황세줄나비는 입을 뻗어 여기저기 맛을 본다. 그렇지만 벌들이 옮기다 실수로 흘린 꿀만 맛볼 뿐, 진짜는 철옹성처럼 굳게 닫혀 있다. 늦게나마 부질없는 일인 줄 알았는지 퍼득퍼득 숲속으로 사라진다.

날개 편 길이: 59~77mm
잘 모이는 장소: 참나무숲 산길
볼 수 있을 때: 6~8월(연 1회)
광릉 숲에서 볼 수 있는 장소: 외국수목원

꿀벌은 열심히 모아온 꿀을 황세줄나비에게 나누어주지 않다가 그만 인간에게 빼앗겨버린다(위).
땅바닥에서 꿀벌이 옮기다 흘린 꿀을 탐내는 황세줄나비(원 안).

베일에 싸인 은둔자

어리세줄나비 *Aldania raddei*

초여름의 광릉 숲에서는 가끔 기이한 방문객을 만나게 된다. 여느 세줄나비와 전혀 딴판인 어리세줄나비이다. 생김새로 보아 흑백알락나비의 봄형과 닮은 듯하나 날개가 더 검어 보이고, 날개에 방사상의 자갈색 줄이 뻗어 있는데 훨씬 강렬해 보인다.

흔한 나비는 아니지만, 그래도 축축한 계곡 주변으로 내려오는 수컷을 만나는 일은 어렵지 않다. 이에 견준다면 암컷은 도통 날아다니지 않아 쉽게 발견되지 않는다. 아주 우연히 숲 속에서 알을 낳으려 배회하는 장면을 본다면 행운 중 행운이다.

그런데 우리가 어리세줄나비에 대해 아는 것은 고작 이 정도뿐이다. 이들이 어디에 살고, 애벌레는 어떤 모습인지, 또 어디에 알을 낳는지 등은 막연하게 짐작만 할 따름이다. 해마다 여름 한철 이들과 만나기를 고대하면서 숲길을 다닐 때 어리세줄나비의 베일을 벗겨보겠다는 의욕을 가져보지만 항상 마음뿐 영 진도가 나가지 않는다.

아무튼 우리에게 연구열을 식지 않게 해주는 고마운 나비임에 틀림없다.

날개 편 길이: 64~74mm
잘 모이는 장소: 숲의 길가나 개울가
볼 수 있을 때: 5~6월(연 1회)
광릉 숲에서 볼 수 있는 장소: 평화원로, 육림로

여느 세줄나비와 다른 모양을 한 어리세줄나비(왼쪽).
만나기가 쉽지 않은 어리세줄나비가 땅바닥에 내려앉았다(아래).

오색찬란한 무지개

황오색나비 *Apatura metis*

나비는 날개가 한 가지 색인 것보다는 여러 색으로 꾸며진 경우가 많다. 흔히 흰나비로 동하는 배추흰나비도 따지고 보면 흰색과 검은색으로 되어 있고, 노랑나비도 노란색과 검은색으로 되어 있다. 사실 한 가지 색으로만 되어 있는 나비는 우리나라에 없는 것 같다. 나비가 복잡한 환경에 적응하다 보니 생겨난 자연스런 결과이겠지만, 나비의 다양한 날개 색이 아름답게 느

껴지는 것은 어디 우리뿐이겠는가?

그런데 날개 색을 광고하고 다니는 나비가 있다. 이는 황오색나비를 두고 한 말인데, 먼저 바탕색이 황색 꼴과 갈색 꼴의 두 가지가 있다. 광릉 숲과 같은 낮은 지대에서는 황색 바탕으로 된 것들이 주류이다.

또 이런 바탕과 더불어 청·황·적·백·흑의 다섯 가지 색을 볼 수 있으나, 사실은 여러 빛깔이라는 의미로 보는 것이 옳겠다. 왜냐하면 분위기 있는 보라색이 보는 각도에 따라 멋지게 나타나기 때문이다.

이렇게 오색찬란한 무지갯빛으로 날개를 꾸미고 날아다니니, 황오색나비는 예뻐서 얼마나 행복할까 싶다.

날개 편 길이: 54~74mm
잘 모이는 장소: 축축한 물가, 넓은 광장
볼 수 있을 때: 6~10월(연 1~3회)
광릉 숲에서 볼 수 있는 장소: 평화원로, 약초원로

물가에 날아와 물을 먹는 황오색나비는 날개에 다섯 가지 색을 지니고 있다(왼쪽).
황오색나비는 황색형(위 왼쪽)과 갈색형(위 오른쪽)으로 나뉜다.

모이기를 좋아 힘쓰는
수노랑나비 *Chitoria ulupi*

수노랑나비는 여름 한철 잡목림을 누비고 다니는 대표적인 나비이다. 날개 윗면의 색이 수컷은 노란색, 암컷은 어두운 자갈색을 띤다. 우리나라 나비 가운데 암수가 썩 다르게 생긴 녀석들 중 하나이며, 수컷 쪽이 훨씬 돋보인다.

수노랑나비에게는 재미난 특징이 하나 있다. 이들의 서식공간을 가보면 어김없이 여러 마리가 모여 있다는 점이다. 이런 특징은 암컷의 알 낳기 행동을 유심히 살펴보면 이해가 된다.

암컷은 풍게나무 잎 뒤에 50~100여 개의 알을 한 층 혹은 두세 층으로 겹쳐 모아 낳는 버릇이 있는데, 정면에서 보면 전체 생김새가 거의 육각형으로 독특하다. 그리고 깨어나온

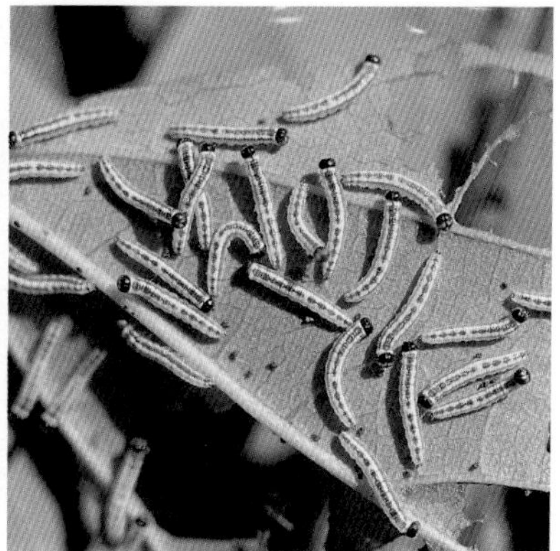

애벌레도 무리지어 생활을 하며, 겨울을 나기 위하여 먹이식물에서 내려와 낙엽 밑에 들어갈 때도 군집으로 한다.

이렇게 군집성을 나타내는 종류의 예는 자연계에 여럿 있다. 아마 혼자 있는 것보다 여럿이서 자신의 종족을 보존하는 편이 혼자보다 분명 탁월하다는 것을 깨달았던 모양이다.

날개 편 길이: 52~72mm
잘 모이는 장소: 참나무숲 가장자리
볼 수 있을 때: 6~9월(연 1회)
광릉 숲에서 볼 수 있는 장소: 평화원로, 육림호수 주변

수노랑나비 수컷이 참나무에 날아왔다. 이때 반드시 머리를 아래로 향한다(왼쪽 위).
수노랑나비 암컷은 수컷과 달리 날개 윗면이 자갈색을 띤다(왼쪽 아래).
수노랑나비의 암컷은 50~100여 개의 알을 뭉쳐 낳는다. 전체적인 모습은 육각형과 비슷하다(위 왼쪽).
수노랑나비의 1령 애벌레는 군집생활을 한다(위 오른쪽).

정중하고 깔끔한 멋쟁이

은판나비 *Mimathyma schrenckii*

한번은 세계 나비도감을 들춰보면서 우리 나비가 얼마나 실려 있는지 찾아본 적이 있다. 뒤적뒤적 첫장부터 끝장까지 넘겨보면서 Korea를 찾았다. 그런데 은판나비만이 유일하게 실려 있었다. 한편으로 무척 실망스럽기도 했지만 또 한편으로는 그나마 다행스러웠다. 아마 그 책의 저자에게는 우리나라의 자료가 빈약했던 것이 아니었나 싶다. 그 책에는 유리창나비, 꼬리명주나비, 산제비나비와 같이 우리나라를 대표할 만한 여러 종류도 실려 있었지만, 모두 중국으로 표시되어 있었으니 말이다.

그러면 은판나비는 우리나라에만 분포하는 토종일까? 사실은 그것도 아니다. 사실 나비 중에는 우리나라에만 사는 고유한 종은 없다. 아무튼 은판나비가 이 학자에게 어떤 경로로 우리 나비로 인식되었는지 몰라도, 그나마 실려 있다는 것이 무척 다행스러웠다.

은판나비는 한랭한 숲을 무대로 살아간다. 극동러시아와 중국 북동부 그리고 우리나라 남부까지 분포하고 있다. 광릉 숲에도 이들이 많이 산다.

숲길에 큼직한 날개로 사뿐히 내려앉을 때마다 날개 아랫면의 은빛이 순간 반짝이는 모습에서 깔끔한 신사의 기풍을 느끼게 된다. 이런 맵시와 정중한 행동으로 볼 때, 은판나비는 우리나라를 대표할 만하다고 꼽고 싶다.

날개 편 길이: 66~88mm
잘 모이는 장소: 참나무숲 가장자리, 길가의 축축한 땅
볼 수 있을 때: 6~8월(연 1회)
광릉 숲에서 볼 수 있는 장소: 평화원로, 소리로

은판나비의 날개 아랫면은 은빛으로 빛난다(왼쪽).
소박하고 정중한 한국의 이미지를 지닌 은판나비(위).

한여름 참나무숲의 제패자

왕오색나비 *Sasakia charonda*

한여름 참나무숲은 생존을 위한 투쟁이 한창이다. 곤충들의 먹잇감으로 참나무에서 흘러나오는 나무진이 있기 때문이다. 이곳에는 늘 주변에 날아와 눈치를 보다가 달라붙는 녀석이 있는가 하면, 대뜸 날아와 앉는 대담한 녀석들도 있다. 앞엣것은 힘이 약한 종류로 대부분 나비나 파리, 조그마한 갑충들이고, 뒤엣것은 힘센 장수말벌이라든가 사슴벌레, 장수풍뎅이 들이다. 왕오색나비는 후자 계열에 끼여든다.

왕오색나비도 장수말벌과 사슴벌레에게 밀리는 것처럼 보여도, 주눅든 약한 녀석은 결코 아니다. 나비들 가운데 가장 힘이 세고 큰 종류여서, 참나무 진에서 필사적으로 밀리지 않는 모습이 나비의 대표감으로 손색이 없다.

사실 나비에게는 무기다운 무기가 없다. 장수말벌의 튼튼한 입과 독침이라든지, 장수풍뎅이의 큰 뿔, 사슴벌레의 집게와 같은 공격무기는 가히 공포감을 느끼게 하는 데 부족함이 없다. 대신 나비에게는 위급할 때 탁 펼치는 날갯짓이 그나마 큰 위안이다.

"나비처럼 날아 벌처럼 쏜다"는 미국의 유명한 권투선수 알리의 솜씨를 보는 듯 날쌔게 경쟁자와 자리다툼을 벌인다. 혹시 알리가 광릉 숲에 와 왕오색나비로부터 한 수 배운 것이 아닐까?

날개 편 길이: 86~102mm
잘 모이는 장소: 참나무숲 가장자리
볼 수 있을 때: 6~8월(연 1회)
광릉 숲에서 볼 수 있는 장소: 육림로, 소리로, 평화원로, 죽엽로

동물 배설물에 날아온 왕오색나비 무리. 은판나비 한 마리가 외로이 끼여 있다(왼쪽).
한가로이 물가에 날아와 쉬고 있는 왕오색나비 암컷(아래).

숲길의 터줏대감

대왕나비 *Sephisa princeps*

8월도 어느덧 하순에 접어들면 서서히 가을을 맞이할 채비를 하는 곤충들이 늘어간다. 한여름의 무더위가 아침저녁으로 잦아들자, 가을 곤충이 성숙하게 된다.

이 무렵이면 대왕나비가 지친 몸을 이끌고 햇빛이 낮게 드리운 개울가로 날아든다. 가쁜 숨을 고른 듯 한참 만에 노란 입을 뻗어 물 속의 미네랄을 섭취할 때, 카메라를 들이대어도 그다지 놀라지 않아 심상치가 않다. 사실 대왕나비는 제대로 날 힘도 없어 보인다.

원래 대왕나비는 한여름의 광릉 숲을 주름잡는 터줏대감이다. 숲길 바닥, 소리봉으로 오르는 능선 나뭇잎 위, 정상 주위에 쭉 뻗어나온 잎사귀 위에 앉아 텃세를 부릴 때만 해도 그 위세는 대단하다.

이렇듯 조그만 기척에도 단호하게 대응하던 대왕나비도 이제는 어쩔 수 없는 모양이다. 하기야 세월이란 게 누구에게나 공평한 것 아닌가?

날개 편 길이: 50~82mm
잘 모이는 장소: 참나무숲 주위
볼 수 있을 때: 6~8월(연 1회)
광릉 숲에서 볼 수 있는 장소: 육림로에서 소리로, 평화원로에서 폭포수

한여름의 광릉 숲을 주름잡는 대왕나비(왼쪽).
대왕나비의 날개 아랫면은 얼룩얼룩한 무늬로 땅바닥에서 얼른 눈에 띄지 않는다(아래).

풀밭을 누비는 굴뚝청소부

굴뚝나비 *Minois dryas*

어디서 굴뚝청소를 그리 했는지 날개가 온통 숯검댕투성이인 굴뚝나비가 한여름 뜨기운 풀밭 위를 날아다니고 있다. 광릉 숲은 예전보다 더 우거졌지만, 굴뚝나비 수는 오히려 줄어든 듯 보인다. 하기야 풀밭다운 풀밭은 능 주변이나 마을 어귀 밭 주변 그리고 감벌하고 남은 터뿐이니 그럴 수밖에 없을 것이다. 그래도 이런 곳에서 기세 좋게 연명하고 있다.

굴뚝나비는 검어서 풀밭에 살기에 알맞지 않다. 그래도 굴뚝나비가 풀밭을 누빌 수 있는 것은 오로지 쉬지 않고 날아다녀 햇빛을 분산시킬 수 있는 재주를 가졌기 때문이다. 오히려 숲속이 갑갑하게 여겨지는 눈치이다.

연구자들 사이에서는 굴뚝나비 암컷의 알 낳기 행동이 어미답지 못하다고 입에 오르내리곤 한다. 사실 굴뚝나비는 색다르게 먹이식물에 직접 알을 낳지 않고, 풀밭을 날다가 방치하듯이 아무 곳에나 알을 낳아 떨어뜨린다.

이럼에도 굴뚝나비는 번성하고 있다. 자신의 2세들에게 시련을 극복할 줄 아는 용기를 가르치지, 자식을 과잉보호하여 망치지 않는다. 이들이 우리보다 훨씬 현명하다는 사실을 왜 모르는가?

날개 편 길이: 46~66mm
좋아하는 꽃색: 분홍색, 보라색
잘 모이는 장소: 탁 트인 풀밭
볼 수 있을 때: 6~9월(연 1회)
광릉 숲에서 볼 수 있는 장소: 관목원 주위

굴뚝나비 암컷은 특이한 알 낳는 습성 때문에 '어미답지 못하다'는 말을 듣고 있다(위).
방금 굴뚝청소를 하고 나온 듯한 굴뚝나비 수컷(아래).

그리운 숲 지킴이

왕그늘나비 *Ninguta schrenckii*

마른장마가 계속되던 7월 어느 날, 비무장지대인 강원도 철원을 찾았다. 지뢰가 묻혀 있다는 곳을 지나고, 이윽고 길이 끝나 가는 지점에서 검문하는 군인이 나타나면서 나도 모르게 긴장감이 감도는 것을 느꼈다. 여기서 나비를 관찰하기는 글렀구나 싶었다. 왜냐하면 병사들의 통제가 엄격하고, 또 아무 곳이나 함부로 다닐 수 없기 때문이다.

뼈대만 남은 노동당사를 지나 비무장지대에 들어서자, 그곳 역시 논밭으로 일구어지고 있어 많은 유적들과 경관이 훼손된 상태였다. 좁은 숲지대가

나올 때마다 멈춰 바라보는데, 놀랍게도 광릉 숲에서도 흔치 않은 왕그늘나비가 넙죽넙죽 날아다니고 있지 않은가.

요즈음 이 왕그늘나비를 만나려고 광릉 숲 언저리를 헤매보았지만 좀처럼 만날 수 없어서 안타까웠다. 지금 광릉 숲은 그 어느 때보다 몸살을 앓고 있는 것 같다. 여러 '지킴이' 분들이 애써보지만 개발에 따른 이익을 포기하기가 쉽지 않은 모양이다. 언제쯤이면 숲을 숲 그 자체로 놔둘지 안타까울 뿐이다.

날개 편 길이: 56~59mm
잘 모이는 장소: 참나무숲 주변 풀밭
볼 수 있을 때: 6~9월(연 1회)
광릉 숲에서 볼 수 있는 장소: 활엽수원

비무장지대 숲속에 나타난 왕그늘나비(왼쪽).
왕그늘나비는 광릉 숲에서 보기 어려워졌고 비무장지대에 가야만 잘 볼 수 있다(위). 누구의 책임일까?

숲속의 이단자

황알락그늘나비 *Kirinia fentoni*

참나무숲 안에 들어서면 노란색 날개를 가진 그늘나비가 마중 나온다. 황알락그늘나비이다.

재빠르게 왔다갔다하다가는, 인기척에 놀랐는지 급하게 날다가 참나무 줄기에 붙는다. 숲 안을 빠르게 휘젓고 다니지만, 곧 힘에 부치는지 얼른 내려앉는다. 하지만 전혀 접근을 용납하지 않는다. 다가가기가 무섭게 날아간다. 도무지 끈질김이란 찾아보기 어렵다.

여느 그늘나비 같으면 풀밭에 진출하거나 바위투성이의 산길에 사는데, 먹그늘나비와 이 녀석은 숲속 생활에 적응하였다. 아무튼 모기가 극성인 숲속을 빠져나오면 황알락그늘나비와 이별하게 된다.

숲속의 어떤 매력이 이들을 끌어들였을까? 이들의 비밀을 알 길은 없으나, 사실 숲속은 햇빛의 양이 적어 몸을 따뜻하게 데우기에 적합하지 않은 곳이다. 그래서 극심한 저체온에 시달리게 마련이다.

그러다 보니 간간이 숲 안으로 햇빛이 비치는 곳이라면 쟁탈전을 벌이더라도 서로 차지하려고 애쓴다. 그래야만 최소한의 열에너지를 흡수하여 살아갈 수 있기 때문이다.

날개 편 길이: 48~51mm
잘 모이는 장소: 참나무숲 주변 풀밭
볼 수 있을 때: 6~8월(연 1회)
광릉 숲에서 볼 수 있는 장소: 휴게소 부근

재빠르게 날다가 지치면 나뭇잎에서 쉬는 황알락그늘나비(왼쪽 위).
먹그늘나비도 황알락그늘나비처럼 숲속에서 산다(왼쪽 아래).
황알락그늘나비가 서식하는 장소는 햇살이 비치는 숲속 공간이다(아래).

빙하시대의 생존자

조흰뱀눈나비 *Melanargia epimede*

뱀눈나비 무리 중 특이하게 흰나비처럼 하얀 조흰뱀눈나비가 있다. 쉴 사이 없이 밝은 숲 가장자리의 억새풀 사이를 날아다닌다. 하도 바지런해서 이제는 쉬겠지 하고 바라보면 또 날아다니고, 다시 앉을 듯 보여 쳐다보면 또 날아간다. 조흰뱀눈나비의 비상을 구경하다가는 어지간한 사람이라도 지치게 된다.

조흰뱀눈나비의 이런 비상능력은 어떻게 습득되었을까. 생각건대 아마 빙하시대부터 물려 내려온 유산인 것 같다.

그러면 이들이 빙하시대에 살아 있었다는 비밀을 한번 벗겨보도록 하자. 조흰뱀눈나비는 지금은 중부 이북지방과 제주도 한라산 꼭대기에 떨어져 살지만, 빙하시대에는 그렇지 않았다. 빙하시대엔 바다가 얼음으로 변하여 제주도와 육지가 연결되어 있었을 텐데, 기온이 차차 올라 해수면이 높아지면서 섬이 되었을 것이다.

이때 함께 살던 이들은 추운 북쪽으로 이동하기 시작했고, 개중에 가지 못한 일부가 한라산 정상으로 올라감으로써 이들은 서로 떨어지게 되었다.

그러니 빙하시대의 찬 풀밭에서도 거침없이 날아다녔을 이 나비를 한번 상상해 보라.

날개 편 길이: 51~63mm
좋아하는 꽃색: 흰색
잘 모이는 장소: 참나무숲 주변 풀밭
볼 수 있을 때: 6~8월(연 1회)
광릉 숲에서 볼 수 있는 장소: 수생식물원 주변

한라산의 조흰뱀눈나비와 육지의 조흰뱀눈나비는 빙하시대가 끝나갈 무렵 서식지가 나뉘었다(왼쪽).
조흰뱀눈나비가 양지바른 풀밭에서 짝짓기에 열중하고 있다(아래).

광릉 숲의 터줏대감

큰수리팔랑나비 *Bibasis striata*

6월이 되면 광릉 숲에 아주 귀한 녀석이 찾아온다. 산림박물관과 난대식물원 주위의 후미진 디에 언제 날아왔는지 모르게 나타났나가는 삼쪽같이 사라지는 큰수리팔랑나비가 그 주인공이다.

큰수리팔랑나비는 현재 우리나라에서 유일하게 광릉 숲에서만 나타나는 몇 종류 안 되는 동물 가운데 하나이다.

광릉 숲에서만 사는 종류를 꼽자면 크낙새, 장수하늘소, 세욱뒷날개나방, 큰수리팔랑나비 들을 들 수 있다. 그중 크낙새는 이미 멸종되었고, 장수하늘소는 멸종단계에 접어든 것 같으며, 나머지 둘은 차츰 수가 줄어들고 있다.

물론 과거에는 다른 곳에서도 발견된 적이 있지만 지금은 광릉 숲에만 살아남아 있다. 이것은 광릉 숲 보존이 잘 이루어지고 있음을 반증하는 것 아니겠는가?

하지만 앞으로도 큰수리팔랑나비가 광릉에서 계속 살아갈 수 있을지는 정말 의문이다. 분포범위가 좁아지게 되면 유전자의 다양성이 소멸되어 결국 멸종하는 것은 시간문제이기 때문이다. 광릉 숲이 앞으로도 지금처럼 잘 보존되길 빌어본다.

날개 편 길이: 49~55mm
잘 모이는 장소: 참나무숲 주변
볼 수 있을 때: 6월 말~8월(연 1회)
광릉 숲에서 볼 수 있는 장소: 평화원, 화목원

큰수리팔랑나비가 출몰하는 산림박물관 앞 광장(왼쪽). 너무 빠르게 날기 때문에 보기가 어렵다.
광릉 숲의 터줏대감인 큰수리팔랑나비는 요사이 보기 힘들어졌다(아래).

아까시숲의 천덕꾸러기

왕팔랑나비 *Lobocla bifasciata*

한번은 수업을 하고 있는데, 갑자기 왕팔랑나비가 교실에 날아들었다. 이럴 때마다 유난스러운 여학생들이라 대소동이 일어난다. 나비였기 망정이지 벌이나 파리 혹은 나방이었으면 그 소리는 하늘을 찌른다. 하지만 대부분이 나비를 나비로 여기는 눈치가 아니다. 나이가 열여덟이나 된 녀석들이 곤충종류 하나 제대로 분간하지 못한다. 아무튼 이 사건은 우리나라 자연교육의 실상에 대한 깨달음을 주는 계기였다.

왕팔랑나비는 생김새로 보아 도무지 나비 같아 보이는 분위기는 아니다. 나는 모양도 그렇고, 어두운 그늘을 좋아하는 습성 역시 나방과 닮았다.

야트막한 산에 오르면 대개 아까시나무가 번성하고 있고 그 숲 사이를 들어가 보면, 왕팔랑나비가 푸륵푸륵 힘있게 날갯짓하며 빙빙 돌아 날기 때문에 깜짝 놀랄 때가 많다. 돌면서도, 운동 삼아 나온 동네 분들 사이를 날아다니기도 하므로 좋아하는 이들은 별로 없어 보인다.

이 숲을 찾는 이유야 아까시나무가 애벌레의 먹이식물이기 때문이다. 사실은 자기 나름의 생존법칙에 충실하고 있건만, 애꿎게 사람들이 놀라워하고 피한다. 이처럼 아무도 반기지 않지만 우리 주변에 늘 날아다니는 천덕꾸러기 신세의 나비이다.

날개 편 길이: 41~44mm
좋아하는 꽃색: 보라색, 분홍색, 흰색
잘 모이는 장소: 숲 가장자리의 넓게 트인 곳
볼 수 있을 때: 5~7월(연 1회)
광릉 숲에서 볼 수 있는 장소: 관목원

땅바닥에서 왕팔랑나비의 수컷이 암컷에게 구애를 하고 있다(위).
지느러미엉겅퀴에서 열심히 꿀을 빨고 있는 왕팔랑나비(아래).

팔랑나비의 귀인

대왕팔랑나비 *Satarupa nymphalis*

왕팔랑나비보다 크고 뒷날개에 흰 무늬가 박힌 대왕팔랑나비라는 나비가 있다. 보기에는 왕팔랑나비와 비슷한 느낌이어도, 먹이식물이나 분류학적으로 아주 다른 계열의 나비이다. 특별히 왕팔랑나비보다 더 커서 '대왕'이라는 이름이 붙여졌다고 한다.

대왕팔랑나비는 강원도의 산지와 같은 추운 곳에 산다. 날아다니는 힘이 꽤 힘찬데, 특히 수컷의 거침없이 나는 모습을 보면 나비 중 가장 빠른 종류로 꼽아도 틀림이 없을 듯하다.

날개 편 길이: 45~55mm
좋아하는 꽃색: 보라색, 흰색, 붉은색
잘 모이는 장소: 족두리풀이 많은 야트막한 언덕
볼 수 있을 때: 4~6월(연 1회)
광릉 숲에서 볼 수 있는 장소: 외국수목원, 식·약용식물원

힘찬 비상을 하는 대왕팔랑나비가 오랜만에 길 위에 내려앉았다(왼쪽).
대왕팔랑나비의 애벌레는 잎으로 자신을 덮어 적을 피한다(오른쪽).

수컷들의 이런 힘찬 비상은 산꼭대기에서 텃세를 부릴 때 가장 빛나 보인다. 주위를 지나치는 다른 나비들은 물론 제비까지도 뒤쫓으니 말이다. 한마디로 '쏜살같다'는 말이 실감난다.

가끔 앉아 있는 모습을 가까이서 볼 수 있기도 한데, 대왕팔랑나비가 날기 직전의 모습은 마치 카레이서들이 서로 먼저 출발하려고 다투는 그 기세등등함과 진배없어 보인다.

어른벌레가 소멸된 여름 이후가 되면, 황벽나무에서 대왕팔랑나비의 애벌레들이 자라난다. 하지만 대부분이 죽고 소수만이 살아남아서, 이듬해 여름에도 당차게 비상할 준비를 하게 된다.

파리보다 조그마한

파리팔랑나비 *Aeromachus inachus*

몇 년 전, 가까운 나비연구가로부터 의외의 전화를 받았다. 불모지처럼 여겨지고 있는 서울대학교 관악캠퍼스 구내에서 파리처럼 조그마한 파리팔랑나비가 날아다닌다는 이야기였다. 대도시 서울에 파리팔랑나비가 나타났다는 소식은 분명 큰 화젯거리였다.

퇴근길에 그분과 함께 관악캠퍼스를 찾았다. 빈터마다 피어 있는 개망초꽃을 세심히 들여다보면서 지나가는데, 파리팔랑나비가 새초롬히 앉아 있는 것이 보였다. 이날 본 것이 여남은 마리나 되었으니, 그곳에 서식하는 것은 틀림없어 보였다.

광릉 숲이 잘 가꾸어지고 있다지만 모든 나비가 다 잘살 수 있는 환경이라고 말하기는 어려울 듯싶다. 숲이 잘 보존되면 숲의 환경에 적응한 무리만 번성할 뿐이고, 풀밭이나 나대지에 적응한 무리는 살기 어려워진다.

오히려 나무가 없는 곳을 더 좋아하는 종류도 얼마든지 있다. 파리팔랑나비가 그렇다. 그래서 광릉 숲에서는 보기 어려운 것이다. 가끔은 광릉 숲에도 나무가 베어지고 평범해 보이는 환경을 조금 여유롭게 놔두어야 할 것 같다. 파리팔랑나비는 그런 곳을 절대 떠나지 않을 것이다.

날개 편 길이: 24~26mm
좋아하는 꽃색: 흰색
잘 모이는 장소: 숲 가장자리의 풀밭
볼 수 있을 때: 6~9월(연 2회)
광릉 숲에서 볼 수 있는 장소: 평화원로에서 폭포수까지의 산길

나무가 많아지면 오히려 사라지는 파리팔랑나비(왼쪽).
파리팔랑나비가 날아다니는 좁은 산길(오른쪽).

산길을 좋아하는 야생마

지리산팔랑나비 *Isoteinon lamprospilus*

소리봉으로 오르는 좁은 산길은 언제부터인가 널찍한 길로 바뀌어, 오르기가 한결 쉬워졌다. 산길이라는 것이 훤한 신작로가 아니이서 때론 급하게 꺾인 모퉁이가 있게 마련이다. 대개 이런 곳은 습하고 풀들이 무성하다. 지리산팔랑나비는 이런 자리를 즐겨 찾는다.

지리산팔랑나비는 처음 지리산에서 발견되었다고 하지만, 사실은 지리산 이북의 산지에 넓게 분포하는 종이다. 날개 윗면은 검은색 바탕에 흰 점무늬가 있으나, 뒷날개 아랫면은 연갈색 바탕에 말발굽처럼 생긴 점무늬가 멋지게 배열되어 있다.

글쓴이는 산길을 다니는 것이 이제는 이골이 날 정도인데도 요사이 급하게 오르다 보면 숨이 차 자주 쉬는데, 지리산팔랑나비는 좀처럼 지치지도 않는지 재빠르게 날아다닌다. 어느새 꿀맛 좋은 큰까치수영꽃에 날아왔다가도 이내 쭉 내달린다.

지리산팔랑나비는 산길을 활보하는 데 있어서만큼은 한번도 길들여진 적이 없는 야생마와 다름없어 보인다.

날개 편 길이: 31~32mm
좋아하는 꽃색: 분홍색, 흰색
잘 모이는 장소: 숲 가장자리 산길
볼 수 있을 때: 7~8월(연 1회)
광릉 숲에서 볼 수 있는 장소: 죽엽로

지리산팔랑나비가 잘 방문하는 큰까치수영꽃(위).
말발굽 모양의 점무늬를 지닌 지리산팔랑나비(원 안).

팔랑나비의 대표자

수풀꼬마팔랑나비 *Thymelicus sylvaticus*

팔랑나비라는 이름은 팔랑개비처럼 쉴 새 없이 날갯짓하며 날아다닌다는 데서 유래하였다. 북한에서는 팔랑나비를 희롱나비로 부른다. 북한에서의 희롱은 '장난하면서 놀다' 정도의 의미로서, 나쁜 의미로 변한 우리와 거리가 있다.

이런 의미에서 볼 때, 가장 걸맞은 나비가 수풀꼬마팔랑나비인 것 같다. 우선 작고 귀여운 모습은 물론이거니와 아주 까불거리며 나는 모습에서 이 이름의 유래를 뜯어볼 수 있으니까 말이다.

수풀꼬마팔랑나비가 여러 마리 떼지어 날아갔다가 돌아와 제각각 억새풀 위에 앉곤 하는데, 세밀한 관찰력이 부족하면 그냥 지나치기 십상이다. 햇빛이 강하게 내리쬘 때는 뒷날개를 활짝 펴고 앞날개는 반쯤 펴서 들어올린 모습에서 제트기 같은 품새를 느낄 수 있다.

이 종류와 아주 비슷한 줄꼬마팔랑나비가 있다. 수풀꼬마팔랑나비와 줄꼬마팔랑나비를 구별하기는 수컷 쪽이 쉽다. 왜냐하면 줄꼬마팔랑나비는 앞날개에 선 모양으로 그어진 성표(性標)가 있기 때문이다. 하지만 암컷은 너무 닮아 잘 구별이 되지 않는다. 게다가 이리저리 날아다닐 때는 다 그놈이 그놈 같다. 그래도 자기 암컷은 용케 찾아낸다.

날개 편 길이: 27~30mm
좋아하는 꽃색: 분홍색, 흰색
잘 모이는 장소: 숲 가장자리 길가
볼 수 있을 때: 6~8월(연 1회)
광릉 숲에서 볼 수 있는 장소: 육림로에서 소리로

수풀꼬마팔랑나비(왼쪽 첫번째)와 줄꼬마팔랑나비(왼쪽 두번째)는 무척 닮았는데, 앞날개에 줄 모양 성표가 나타나면 줄꼬마팔랑나비이다.
수풀에서 희롱하며 노는 수풀꼬마팔랑나비(위).
수풀꼬마팔랑나비와 닮은 줄꼬마팔랑나비가 새똥을 빨아먹고 있다(원 안).

유리창을 짊어지고 사는 떠돌이

유리창떠들썩팔랑나비 *Ochlodes subhyalina*

6월은 꽃보다 신록이 아름다운 계절이다. 하늘에서 내려다보면, 산과 들의 녹색은 우리나라가 금수강산임을 실감케 한다. 당연히 숲의 보존상태가 좋다는 광릉 숲이야말로 녹색의 향연을 보는 듯 대단하다고 할 수 있다.

이럴 때쯤 빈터에 자라서 꽃이 피는 고삼이라는 식물이 있다. 콩과(科)에 속하는 고삼은 예쁜 매무새는 아니라 해도 진한 향과 꿀을 품고 있어 곤충들이 좋아하며 찾곤 한다. 저녁 무렵 유리창떠들썩팔랑나비가 찾아왔다. 거의 꽃마다 붙어 있으므로 꽃 위에 또 다른 꽃이 새로 피어난 것처럼 이채롭다.

유리창떠들썩팔랑나비에게는 비슷한 부류와 다른 특징이 하나 있다. 날개에 막질로만 된 유리창 무늬가 있는데, 앞에서 소개한 유리창나비의 경우와 같다. 대개 유리를 들고 다니는 사람은 여간 조심성 있어 보이지 않는데, 이 나비는 그렇지 않다.

어찌나 빠르게 날아다니는지 몸에 붙은 유리창이 산산조각날까 염려된다. 그래서 떠들썩이란 이름이 붙은 것 같다.

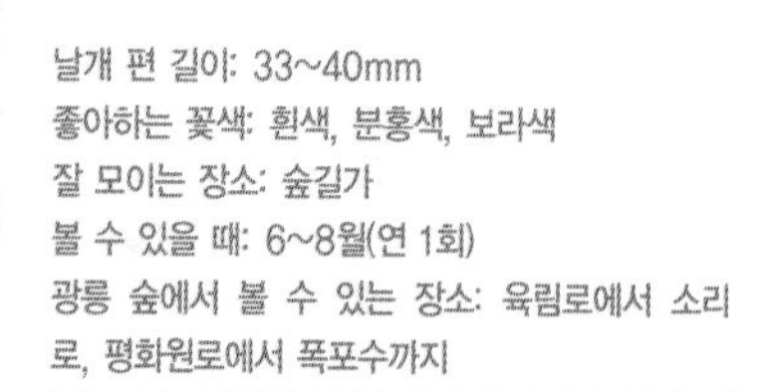

날개 편 길이: 33~40mm
좋아하는 꽃색: 흰색, 분홍색, 보라색
잘 모이는 장소: 숲길가
볼 수 있을 때: 6~8월(연 1회)
광릉 숲에서 볼 수 있는 장소: 육림로에서 소리로, 평화원로에서 폭포수까지

엉겅퀴꽃에 앉은 유리창떠들썩팔랑나비 수컷(위). 유리창떠들썩팔랑나비 암컷이 앞날개를 세우고 뒷날개는 평행으로 펴서 쉬는 모습(아래).

여름을 유유자적 즐기는

검은테떠들썩팔랑나비 *Ochlodes ochraceus*

황톳빛 날개에 가장자리에 검은 테두리가 쳐 있는 검은테떠들썩팔랑나비가 날아다닐 즈음이면, 광릉 숲은 여름이 한창이다. 나뭇잎이 제법 도톰해져서 그늘이 짙게 드리워진 나무 사이로 참매미의 합창소리가 그 어느 때보다도 시원함을 안겨준다.

검은테떠들썩팔랑나비는 숲길에 피어 있는 각종 야생화를 방문하여 꽃꿀을 빨면서 한가롭게 앉아 있다. 간혹 엉겅퀴꽃 한 송이에 한꺼번에 여섯 마리가 앉아 있기도 한다. 마침 꿀벌 한 마리가 날아와 자리를 비켜달라고 떼를 쓰는 모양인데, 그러면 다소곳이 양보한다.

어찌 저런 순하디순한 마음씨로 치열한 생존경쟁을 헤치고 살아남을 수 있을까 걱정이 앞선다. 저놈의 부모도 똑같은 심정이 아닐까 싶다.

한동안 머물면서 여유자적하는 검은테떠들썩팔랑나비들의 모습을 살피다가 몇 걸음을 옮기지만, 행여 그 사이에 다른 녀석들에게 다치지 않았나 싶어 다시 뒤돌아보게 된다. 여전히 꽃 위에서 별탈 없는 듯 앉아 있는 것을 보고 안도감이 들면서 가볍게 그곳을 뜰 수 있다.

한여름을 즐기는 방법이 저렇구나. 검은테떠들썩팔랑나비로부터 여유로움 하나 배워가는 듯해 오늘은 보람차다.

날개 편 길이: 27~31mm
좋아하는 꽃색: 흰색, 분홍색
잘 모이는 장소: 숲길가
볼 수 있을 때: 6~8월(연 1회)
광릉 숲에서 볼 수 있는 장소: 육림로에서 소리로

나뭇잎 위에서 날개를 반쯤 펼치고 쉬고 있는 검은테떠들썩팔랑나비 수컷(아래).

숲의 개구쟁이

황알락팔랑나비 *Potanthus flavus*

여름이 한창 무르익어 가는 6월의 호젓한 광릉 산길은 삼림욕하기에 꽤 적합한 장소다. 거대한 노거수들이 뿜어내는 향내와 상큼한 산소는 일상의 찌꺼기를 일시에 사라지게 하는 마력이 있다. 이런 상큼한 분위기에 편승하는 녀석이 있다. 숲길 물가에 사뿐히 찾아와 앉는 황알락팔랑나비가 그렇다.

황알락팔랑나비는 여간 조심성이 있는 것이 아니다. 이곳저곳 앉을 만한 곳을 물색하다가 이곳이구나 싶으면 날개를 뒤로 젖힌 채 살짝 내려앉는다. 이런 모습이 마치 한복을 곱게 차려입은 여인네가 치마 끝을 사뿐히 들고 징검다리를 건너는 모양새다.

하지만 행동과 달리 생김새를 보면, 날개의 앞면에 검은 바탕에다 황갈색 띠가 박혀 산뜻한 양장을 걸친 여인네 같은 분위기다. 게다가 날개 아랫면의 황갈색 점무늬가 햇빛에 반사되어 반짝반짝 아롱거리는 자그마한 녀석이지만, 여간 귀엽지가 않다.

광릉 숲에서는 그리 흔한 나비라고 할 수 없으나, 간혹 이 녀석을 만나게 되면 도무지 시간 가는 줄 모르고 가는 길을 멈춰 서게 된다.

날개 편 길이: 28~31mm
좋아하는 꽃색: 흰색, 분홍색
잘 모이는 장소: 숲길가
볼 수 있을 때: 6~7월(연 1회)
광릉 숲에서 볼 수 있는 장소: 육림로에서 죽엽로

칡잎 위에서 몸단장하는 황알락팔랑나비(아래).

왕자팔랑나비

봄과 여름에 볼 수 있는 나비

봄부터 여름 사이는 다양한 생명체로 넘쳐난다. 이런 기회를 마련하기 위해 많은 나비들이 광릉 숲을 넘나드는 듯 보인다. 양지바른 숲길에서 맴돌다가 더워지면 서늘한 계곡에 들어가 쉬기도 하면서, 봄과 여름 사이의 신록을 만끽한다.

사향제비나비, 제비나비, 산제비나비처럼 한 세대를 넘겨가며 두 계절의 멋을 느낄 줄 아는 종류들로 넘쳐난다. 그만큼 광릉 숲은 이들을 아우를 수 있는 다양한 풍경을 지니고 있기에….

향기를 내뿜는 멋쟁이

사향제비나비 *Atrophaneura alcinous*

나비 하면, 우선 아름다운 날개의 이미지가 떠오르는 곤충이다. 각양각색의 무늬가 연상되고 보는 이로 하여금 찬탄을 쏟아내게끔 만든다. 사실 손대기가 꺼림칙한 면은 없지 않으나, 아마 나비를 싫어하면 정서적으로 문제가 있는 사람일 것이다.

사향제비나비는 날개가 온통 흑색투성이고 배 양옆으로 징그럽게 붉은 털이 나 있어, 보기에도 어쩐지 꺼림칙하다.

처음 사향제비나비를 채집했을 때의 기억을 소개해 볼까 한다.

날개에 손이 닿지 않도록 조심하며 날개를 젖힌 채 가슴 부위를 꼭 잡았는데, 난데없이 그윽한 향기가 풍기는 것이다. 그 향기의 출처가 어디인지 찾다가 이윽고 이 나비에게서 나는 것임을 깨달았다.

특이하게도 사향제비나비는 향기를 낸다. 누구도 잘 알아주지 않지만 향기로써 자신을 뽐낼 줄 아는 멋있는 녀석이다. 아마도 꽃을 오래도록 찾다 보니 자기도 모르는 사이에 꽃이 되고 싶었던 것이 아니었나 싶다.

날개 편 길이: 71~100mm
좋아하는 꽃색: 분홍색, 흰색
잘 모이는 장소: 숲 가장자리의 쥐방울덩굴이 있는 곳 주변
볼 수 있을 때: 5~9월(연 2회)
광릉 숲에서 볼 수 있는 장소: 죽엽로

큰까치수영꽃에 날아온 사향제비나비 수컷의 몸에서 향기가 난다(왼쪽).
사향제비나비의 애벌레(아래).

제비의 사촌 제비나비 *Papilio bianor*

제비나비는 철쭉꽃이 화사하게 피어나고 라일락 향이 진동할 즈음부터 나타나서 초여름 전까지 날아다니다가, 갑자기 뜸해지는가 싶으면 한여름에 한차례 더 광릉 숲을 누빈다. 워낙 바쁜 몸인지라 야생화에 날아와 꿀을 빨거나 축축한 물가에 눌러앉을 때나 좀 진득할 뿐이다. 거의 대부분 숲속을 누비고 날아다니는 데 정력을 다 쓰는 아주 활기찬 나비이다.

예전에는 도시의 좁은 골목길에도 제비가 빠르게 지나다니곤 했다. 날고 있는 벌레를 채기 위한 것일 텐데, 이런 풍경은 참 흔했다. 지금은 그 많던 제비들이 자취를 감추었다. 한 조류학자의 말에 의하면 먹잇감인 파리가 사라져 제비도 함께 사라져 갔단다.

아무튼 사라져 가는 제비의 빈자리에 시커먼 제비나비가 날아다니는 것을 가끔 볼 뿐이다. 제비나비가 휘젓고 지나가면, 지난날 제비의 모습이 겨우 기억될 따름이다.

광릉의 숲길에도 이제는 제비보다는 오히려 제비나비가 훨씬 많이 날아다닌다. 그래서 이 나비를 볼 때마다 가끔은 강남에서 날아온 제비가 절로 생각나곤 한다.

날개 편 길이: 64~118mm
좋아하는 꽃색: 흰색, 주홍색, 분홍색
잘 모이는 장소: 숲길가
볼 수 있을 때: 4~9월(연 2~3회)
광릉 숲에서 볼 수 있는 장소: 화목원, 관목원, 수생식물원

엉겅퀴꽃에 사뿐히 날면서 꿀을 빠는 제비나비(원 안).
습지에 날아온 제비나비 수컷(아래).

광릉 숲의 왕자

산제비나비 *Papilio maackii*

우리나라 나비 중 가장 아름다운 종류를 골라보라면 선뜻 '산제비나비'를 택하게 된다. 예쁘기도 하지만 워낙 날개가 커서 누구나 한번쯤 산길에서 만난 적이 있는 친근감 넘치는 나비이기 때문이다.

어쩌다 소리봉 능선에 오르면 난데없이 산제비나비가 날아와 스치듯 지나간다. 언뜻 보기에도 제비나비와 달리 날개에 청록색 비늘가루가 그득하고, 뒷날개 아랫면에 황색 띠가 선명하다. 애석하게 뒷날개의 꼬리 모양 돌기가 떨어져 나간 녀석이 지나간다. 이렇게 결정적인 흠이 있음에도 불구하고, 위용 있는 날갯짓은 그 누구도 따르지 못할 것 같다.

날개 편 길이: 64~122mm
좋아하는 꽃색: 흰색, 붉은색, 보라색
잘 모이는 장소: 산꼭대기나 개울가
볼 수 있을 때: 4~9월(연 2회)
광릉 숲에서 볼 수 있는 장소: 육림로에서 소리로

양지바른 봄날 땅바닥에서 물을 마시는 산제비나비 봄형(왼쪽).
시원스럽게 날아다니는 산제비나비 여름형(오른쪽).

한여름의 광릉 숲에는 양지바르면서 축축한 바위 위에 여러 마리가 무리지어 앉아 있을 때가 있다. 그 정경은 광릉의 어떤 모습보다 압권이랄 수 있는데, 한마디로 광릉을 대표할 만한 가치가 있다고 하겠다.

지금까지 광릉을 대표하는 새로 크낙새를, 곤충으로 장수하늘소를 들 수 있다면, 나비로는 꼭 산제비나비를 꼽고 싶다. 그만큼 산제비나비는 광릉에 많을 뿐더러 아름답기에 더욱 그렇다.

슬픈 사연을 간직한

기생나비 *Leptidea amurensis*

숲 가장자리의 한적한 풀밭에 흰나비 한 마리가 날아다니는 모습이 보인다. 그런데 영 힘에 부쳐 보이고, 곧 떨어질 듯 위태위태하게 난다. 여느 흰나비들 같으면 힘이 솟구쳐 바지런히 다니는데, 이 나비는 무언가 억제 못할 슬픔에 잠긴 듯 주위만 맴돌 뿐이다.

그래서 이 나비의 이런 모습에 취해 본 사람이면 누구나 발길이 멎게 된다. 사실 몸은 가는 데 비해 날개가 크고 폭도 넓어서 어쩔 수 없이 빨리 날 수 없는데도, 사람들의 슬픈 감성을 자극한다.

석주명 선생님이 이 나비에게 '기생'이라는 좀 천박한 듯한 이름을 붙인 까닭을 살펴보면, 천박함보다는 슬픈 사연 하나쯤 간직했던 그 당시의 애절한 기생을 연상하셨던 모양이다. 그래서 그런지 광릉 숲길에서 만나는 여러 나비들 가운데 유독 기생나비만큼은 더 살펴보게 된다. 또 왠지 보호해 주고 싶은 마음이 절로 든다. 아무튼 묘한 분위기를 간직한 나비임에 틀림없다.

날개 편 길이: 38~44mm
좋아하는 꽃색: 흰색
잘 모이는 장소: 숲 가장자리의 풀밭
볼 수 있을 때: 4~9월(연 3회)
광릉 숲에서 볼 수 있는 장소: 평화원로에서 폭포수

흐느적거리며 날다가 꽃 위에 내려앉은 기생나비(오른쪽).

애기능 숲에서 만난
범부전나비 *Rapala caerulea*

휘경원(정조의 후궁 수빈의 묘) 능선 길을 오랜만에 찾았다. 휘경원은 국립수목원으로 가는 길의 옛 광동고등학교(현재 경희대학교 평화복지대학원) 맞은편 숲속에 있다. 예전에는 8월 중순이면 이곳에 반드시 들러 '고운점박이푸른부전나비'의 생태를 관찰하였다. 하지만 무슨 이유인지 몰라도 이 나비가 자취를 감춰 한동안 찾지 않았다.

그래서 이곳이 궁금하던 차에 도시락을 싸들고 애기능 뒤편에 있는 능선 길을 올라본 것이다. 예전보다 길이 보이지 않았고 확연히 숲이 울창해졌다. 한참 걷고 있는데 자줏빛 싸리꽃에서 무언가 꿀을 빨고 있는 녀석이 눈에 들어왔다. 꽃잎에 가려 도무지 어떤 종류인지 감이 통 잡히지 않았다. 나뭇가지를 조심스레 잡아당겨 보았다. 그러자 놀랐는지 옆의 나무로 날아 이

동하는 것이다.

잽싸게 살펴보는데 범부전나비 같았다. 발뒤꿈치를 한껏 들어올려 날개의 무늬를 보았더니 틀림이 없다. 아마 싸리나무 꽃에 알을 낳다가 잠시 배를 채우는 암컷이었던 모양이다.

범부전나비는 싸리가 잘 자라는 높지 않은 야산에 산다. 그런데 광릉 숲처럼 우거지게 되면, 고운점박이푸른부전나비의 운명처럼 사라지게 될 것이다.

날개 편 길이: 28~33mm
좋아하는 꽃색: 흰색, 분홍색
잘 모이는 장소: 콩과(科) 식물 주위의 양지바른 곳
볼 수 있을 때: 4~8월(연 2회)
광릉 숲에서 볼 수 있는 장소: 약초원, 화목원

꽃의 꿀을 빠는 범부전나비 무리(왼쪽 첫번째).
범부전나비는 날개를 펼치면 청보랏빛을 띠는데, 이런 장면은 아주 보기 힘들다(왼쪽 두번째).
일반인의 출입이 금지되어 있는 휘경원(아래).

장현리에서 사라진 나비

작은홍띠점박이푸른부전나비 *Scolitandides orion*

1972년 봄, 당시 경희대학교 신유항 교수님이 장현리에서 평화원으로 가는 길 도중의 갯기에서 '작은홍띠점박이푸른부전나비'의 암컷이 돌나물에 산란하는 것을 우연히 발견하고 이 나비의 생활사 연구를 시작하였다.

당시 개울가에는 돌나물이 지천으로 깔려 있었고, 한적한 소달구지 길만 덩그러이 있었다고 한다. 그분의 연구에 따르면, 애벌레가 있는 곳은 반드시 개미들이 모여 있고 애벌레가 싼 똥이 떨어져 있었다고 한다. 또 이를 연구하기 위해 매주 이곳을 찾았으며, 일부는 연구실로 옮겨서 사육하면서 관찰하였다고 한다. 아마 이것이 광릉의 나비를 대상으로 한 첫 생활사 논문

날개 편 길이: 25~28mm
좋아하는 꽃색: 노란색, 흰색
잘 모이는 장소: 산기슭, 빈터의 풀밭
볼 수 있을 때: 4~8월(연 2회)
광릉 숲에서 볼 수 있는 장소: 화목원, 관목원

가장 긴 이름을 가진 작은홍띠점박이푸른부전나비(왼쪽).
작은홍띠점박이푸른부전나비의 서식처였던 곳에 임업연수부가 들어서 있다(오른쪽).

이 아니었나 싶다.

그러던 곳이 지금은 어떤가? 임업연수부가 들어서고 개울둑에는 2차선 포장도로가 생겨서, 이 나비를 전혀 볼 수 없게 되어버렸다. 광릉 숲의 메말라 가는 한 단면을 보게 되어 무척이나 마음이 아리다.

날개에 숫자를 달고 다니는

거꾸로여덟팔나비 *Araschnia burejana*

5월에 들어서면 학생들의 등교길은 가벼운 분위기의 하복으로 바뀌게 된다. 나비의 세계에도 이와 같은 종류가 있어 소개한다. 별난 이름의 거꾸로여덟팔나비를 두고 하는 말이다. 이름을 풀이하다 보면 좀 억지스러운 감이 있지만, 펼쳐진 날개에 여덟팔(八) 자가 거꾸로 쓰여 있는 듯한 모습이라서 그런 모양이다.

거꾸로여덟팔나비는 봄형과 여름형이 썩 달라진 생김새를 한다. 봄형은 붉은색 바탕이고, 여름형은 줄나비처럼 검은색 바탕인데 좀더 크다. 처음에는 계절형인 줄 모르고 각각을 다른 나비로 인식하던 때도 있었다고 한다.

이렇듯 생김새나 크기가 달라지는 계절형은 어떤 이유 때문에 생겼을까? 실험에 따르면, 애벌레와 번데기의 시기에 낮의 길이와 온도가 다르기 때문이라고 한다. 낮의 길이와 온도가 차이나면, 호르몬 분비가 달라지고 이를 인식하는 패턴도 달라지기 때문이란다.

광릉의 숲길가 따뜻한 풀잎에 거꾸로여덟팔나비가 날아와 앉으면 보기에도 늘 아름답다. 그런데 흔치 않지만 같은 장소에서 봄형과 여름형이 한꺼번에 발견되는 수도 있다. 늦게까지 살아남은 봄형과 이르게 출현한 여름형이 우연히 한자리에서 마주친 것일 텐데, 아무튼 서로를 어떻게 생각할지 사뭇 궁금하다.

날개 편 길이: 36~43mm
좋아하는 꽃색: 흰색, 노란색
잘 모이는 장소: 숲길가
볼 수 있을 때: 5~8월(연 2회)
광릉 숲에서 볼 수 있는 장소: 육림호수 주변

거꾸로여덟팔나비 여름형은 봄형과 달리 바탕이 검은색이다(왼쪽).
날개에 여덟팔 자를 지니고 있는 거꾸로여덟팔나비 봄형(오른쪽).
거꾸로여덟팔나비 여름형이 꽃에 날아왔다. 날개 아랫면의 그물 모양 무늬가 이채롭다(아래).

광릉 숲에서 만난 옛친구

애기세줄나비 *Neptis sappho*

광릉 숲에 들어서면 숲길에서 가장 먼저 만나는 나비가 있다. 날개를 '파닥파닥' 천천히 활개치며 나는 애기세줄나비이다.

애기세줄나비가 따스한 햇빛이 내리쬐는 나뭇잎 위에 돌아앉아 날개를 활짝 펼친다. 대개는 바로 자리를 뜨지만, 오래 앉아 있을 때는 이따금 날개를 폈다 접었다 하면서 강한 햇살을 분산시킨다. 날개를 펼치고 앉을 때 자세히 보면 흰 줄 셋이 뚜렷하다. 그중 머리 쪽에 가까운 흰 줄은 뚝 끊어진 모습이라 금세 애기세줄나비 종임을 알 수 있다. 몸의 등 쪽에는 금록색 광택이 반짝인다. 한마디로 앙증맞고 귀엽다.

글쓴이의 어릴 적에는 여름방학에 곤충채집 숙제가 꼭 끼여 있었다. 그때마다 단골메뉴처럼 애기세줄나비는 늘 한자리를 차지하고 있었다. 이로 보아, 지난날에는 집 가까이서 만날 수 있었던 친근한 곤충이었던 모양이다.

지금도 광릉 숲을 산책하다가 애기세줄나비를 만나면, 옛 친구를 오래만에 만난 듯 매우 반갑다.

날개 편 길이: 43~54mm
좋아하는 꽃색: 흰색
잘 모이는 장소: 숲 가장자리의 길가
볼 수 있을 때: 5~9월(연 2~3회)
광릉 숲에서 볼 수 있는 장소: 평화원로

광릉 숲에 가장 흔한 애기세줄나비(아래).

위풍당당한 흑백알락나비 *Hestina persimilis*

광릉 숲은 풍게나무와 참나무가 많은 곳이다. 그래서 5월과 8월 무렵 두 차례에 걸쳐 흑백알락나비가 나무 위를 수려하게 활강하며 날아다니는 모습을 만나게 된다.

흑백알락나비는 항상 높게 날기 때문에 쉽게 관찰하기가 어려운 면이 있다. 하지만 오전중에 길가의 축축한 땅에 내려와 앉을 때나 참나무의 나무진에 날아와 식사를 할 때는, 비교적 가깝게 바라볼 기회를 가진다. 흑백알락나비는 검은색과 흰색이 어우러진 날개를 가졌으며, 노란 눈과 입이 돋보이고, 강인해 보이는 다리는 그동안 이 나비를 가까이 보고자 했던 욕구를 충족시켜 준다.

흑백알락나비가 풍게나무와 참나무에 의지하는 것은 특별히 두 가지 이유가 있다. 먼저 애벌레 때의 먹이로 풍게나무의 잎이 필요한 것이고, 또 하나는 어른벌레의 먹이로 참나무의 진이 필요하다. 그 어느 것 하나 부족하면 이들의 삶은 절망적이다.

예전에는 서울 근교의 웬만한 산에도 풍게나무와 참나무가 많았지만, 택지가 개발되면서 사라졌다. 이제는 숲이 잘 보존된 광릉 숲에 와야만 볼 수 있게 됐으니, 슬픈 일이다.

날개 편 길이: 62~75mm
잘 모이는 장소: 숲의 산길이나 개울가
볼 수 있을 때: 5~8월(연 2회)
광릉 숲에서 볼 수 있는 장소: 육림로와 소리로

나무 위에서 한가로이 앉아 쉬고 있는 흑백알락나비의 여름형 수컷(왼쪽).
흰색과 검은색이 조화를 이룬 흑백알락나비(오른쪽).
음식점이 늘어선 봉선사 입구. 예전에는 음식점이 많지 않았다(아래).

연지곤지 바르고 멋내는 새색시

홍점알락나비 *Hestina assimilis*

흑백알락나비와 닮았으면서도 뒷날개 끝부위에 붉은 점이 네 개 박힌 홍점알락나비라는 나비가 있다. 이 붉은 점이 특별히 눈을 끄는 대목은, 검은색과 흰색의 날개 바탕에 선명하게 돋보인다는 점이다.

광릉에서 홍점알락나비를 보기는 그리 어렵지 않다. 먹이식물인 풍게나무가 많기 때문이다. 그러나 기이하게도 겨울에 먹이식물인 풍게나무 뿌리 근처의 낙엽을 들춰보면 주로 흑백알락나비와 왕오색나비 애벌레뿐이고, 홍점알락나비의 애벌레는 잘 발견되지 않는다. 어쩌다 조그마한 풍게나무 밑 낙엽 아래에서 꼼짝 않고 겨울을 나는 애벌레를 발견하면 무척 기뻤던 기억이 새롭다.

홍점알락나비는 인기가 높다. 학생들에게 예뻐 보이는 몇몇 나비를 놓고 가장 예쁜 것을 골라보라고 하면, 두세 번째에 들 정도이다. 아무튼 생김새가 예뻐서 그런지 이따금 숲 사이를 가르며 날아가는 홍점알락나비의 힘찬 비상을 광릉 숲에서 계속 볼 수 있길 바라는 마음 간절하다.

날개 편 길이: 73~98mm
잘 모이는 장소: 참나무숲 주변
볼 수 있을 때: 5~10월(연 2회)
광릉 숲에서 볼 수 있는 장소: 평화원로, 화목원, 육림호수

흑백알락나비(왼쪽 첫번째)와 홍점알락나비(왼쪽 두번째)는 비슷한 점이 많으나 다른 점 또한 많다.
새색시 같은 홍점알락나비(위).

인기 없는 애물단지

애물결나비 *Ypthima argus*

광릉 숲속 그늘과 숲 가장자리, 풀 사이를 톡톡 튀듯이 인상적으로 날아다니는 애물결나비는 키 큰 억새나 키 작은 강아지풀 사이를 가리지 않고 잘 넘나든다. 늘 분주하게 돌아다니는 듯해도, 그리 빠르지 않아 뒤따르면 앞지를 수 있다. 한마디로 나는 힘은 약하다.

이처럼 보기에 가련해 보이는 애물결나비는 날개 아랫면으로 뱀눈 모양 무늬가 그득한데, 앞날개에 한 개, 뒷날개에 대여섯 개 가량 있다. 바탕색은 흑갈색과 회색이 물결치듯 온 날개를 감싸고 있다.

날개의 색도 물론이지만 조그마하고 볼품없어 사람의 눈길을 영 끌지 못한다. 나비연구가들이 소장한 표본들 중에서 필시 가장 인기 없는 종류일게 분명하다. 그래서 그런지 애물결나비의 표본을 많이 소장한 분을 만나기 어렵다.

다만 길가에서 우연히 마주쳤을 때, 카메라를 들이대면 렌즈를 통한 모습에서나마 어느 정도 아름다움을 느껴볼 뿐이지 도무지 뒤따르고 싶은 마음이 생기지 않는다.

날개 편 길이: 34~39mm
좋아하는 꽃색: 분홍색, 흰색
잘 모이는 장소: 숲길가의 풀밭
볼 수 있을 때: 5~9월(연 2~3회)
광릉 숲에서 볼 수 있는 장소: 식 · 약용식물원

인기 없는 애물결나비가 날개를 펴 잔뜩 뽐내려 하고 있다(아래).

광릉 숲의 새색시

물결나비 *Ypthima multistriata*

광릉 숲이 이렇게 울창해진 것은 어제오늘의 일이 아니다. 조선의 7대 왕인 세조의 왕릉이 들어서면서부터 시작되었으니 자그마치 500여 년의 역사를 품고 있다. 일제시대인 1922년에 들어와서 임업연구를 위해 어느 정도의 인공이 가미되었지, 그 이전에는 사람의 손길이 그다지 닿지 않았다.

광릉내에서 국립수목원으로 들어가는 길가에 높다랗게 늘어선 전나무들이 강원도 오대산 월정사 주위와 함께 남한 제일의 위용을 자랑하는 것만 보아도, 세월의 무구함을 나타내는 것이라 생각된다. 요사이 새로 만들어지는 사설 수목원이나 식물원, 야생화원 들과는 비교가 되지 않는다. 그런 곳들을 가보면 급조된 느낌이 역력하고 인기 있는 몇몇 품종으로만 장식하여 도무지 진한 맛을 느낄 수 없다.

그러나 광릉 숲은 야생 그 자체요, 도도하고 격조 높은 안식처와 같은 곳이다. 이런 광릉 숲에 별나지 않게 생긴 나비가 살고 있다. 온 숲을 누비면서 숲과 함께 지내는 물결나비이다. 특별히 미가 빼어나지 못한 것은, 오래전부터 광릉을 빛내기 위해 스스로를 감출 줄 아는 미덕을 지녔기 때문일 터이다.

날개 편 길이: 40~43mm
좋아하는 꽃색: 흰색
잘 모이는 장소: 숲길가
볼 수 있을 때: 5~9월(연 2~3회)
광릉 숲에서 볼 수 있는 장소: 외국수목원, 활엽수원

풀 위에서 쉬고 있는 물결나비(아래).

화장한 여인 밤눈그늘나비 *Lasiommata deidamia*

뱀눈나비라 함은 날개에 둥그런 모양의 원 무늬가 하나 혹은 여러 개 들어 있는 나비를 말한다. 또 그 속에 눈동자처럼 보이는 영 다른 느낌의 원 무늬가 또 있다. 그러니 영락없이 뱀눈 같아 보인다. 번득이는 듯한 이 무늬의 쓰임새가 무작정 남을 위협하기 위해서만은 분명 아닐 테고, 아마 천적을 피하기 위한 자구책일 것이다.

광릉 숲에서 나무가 없는 곳은 드물지만, 바위가 군데군데 자리잡은 곳은 몇 군데 있다. 이런 곳에는 외로이 뱀눈그늘나비가 날아다닌다. 특별히 뱀눈 모양 무늬가 많아서 그런지 이렇게 드러난 곳에 나앉아도 큰 위험은 없는 모양이다.

그런데 뱀눈그늘나비가 특히 눈길을 끄는 것은, 꽃을 방문하면 날개에 곱살하게 꽃가루를 묻힌다는 점이다. 요모조모 따져보아도 화장으로 곱게 단장한 여인네의 매무새이다. 게다가 앉을 때는 바위 위만 골라 앉으니 스스로를 가꿀 줄 아는 깔끔하고 맵시 있는 나비임에 틀림없다.

날개 편 길이: 50~58mm
좋아하는 꽃색: 노란색, 흰색
잘 모이는 장소: 바위가 많은 산길, 절개지
볼 수 있을 때: 6~8월(연 1~2회)
광릉 숲에서 볼 수 있는 장소: 전망대에서 소리봉

뱀눈그늘나비가 조그마한 돌 위에 앉아 있다(아래).

빈틈없는 상수리숲의 왕자

왕자팔랑나비 *Daimio tethys*

덩치 큰 상수리나무숲 아래로는 늘 공간이 넉넉하다. 이곳은 여러 초본 식물이 자라면서 상수리나무와 양분을 서로 나누어 가지며 산다. 다른 식물에게는 에누리 한푼 없는 침엽수들과는 비교가 되지 않는다. 이런 숲에 땅속 깊이 굵은 뿌리를 박고 사는 '마'라는 덩굴식물이 있다.

왕자팔랑나비는 상수리나무숲과 같은 넉넉한 환경에서 살아간다. 말하자면 충분한 공간도 있고, 함께 살아갈 여러 곤충도 많아 살맛이 나고, 게다가 먹이식물인 마가 있어 자식 기르기에 안성맞춤인 곳이다. 하지만 곤충들이 많다 보니 애벌레를 노리는 천적도 있어 마음을 놓기 어렵다. 해서 알을 낳을 때에 털로 감싸고, 애벌레도 잎을 잘라 삼각

모양의 집을 만들어 그 속에서 지내게 하는 등 온갖 대비책을 내놓고 있다.

한가히 걷고 있자니 난데없이 날아와 푸륵푸륵 맴돌다가 칡잎 위에 앉는다. 날개를 활짝 펼치고 앉는데, 날개의 검은색 바탕에 흰 점이 조화를 이루어 참으로 산뜻한 모습이다.

그렇지만 왕자팔랑나비에게서 풍기는 참 멋은 빈틈없는 삶을 살아갈 줄 안다는 것이다.

날개 편 길이: 31~38mm
좋아하는 꽃색: 흰색, 분홍색
잘 모이는 장소: 숲 가장자리나 길가
볼 수 있을 때: 5~8월(연 2회)
광릉 숲에서 볼 수 있는 장소: 화목원, 수생식물원

상수리나무숲 주위에 왕자팔랑나비가 산다(왼쪽).
꿀풀꽃에서 정신없이 꿀을 빠는 왕자팔랑나비(위).

양지꽃 애인 흰점팔랑나비 *Pyrgus maculatus*

광릉 숲에는 삼림욕하는 길 외에도 벌채한 목재를 운반하거나 나무의 자람 정도를 살피기 위해 만들어진 시설 다목적 임도(林道)가 여러 곳에 나 있다. 그런 길가의 양옆은 햇빛이 잘 드는데, 봄이면 노랗게 피는 양지꽃이 한 다발씩 나 있다.

오랜만에 이런 곳에 앉아 햇빛의 따뜻한 기운을 쬐고 있으려니까 흰점팔랑나비 한 마리가 날아온다. 흰 점이 깨같이 가득한 까만 날개를 펴들고 살포시 앉는다. 어찌나 소박하고 귀여운지 놀라지 않게 하려고 숨죽이며 감상

을 한다.

하지만 바로 그때 봄철의 무법자인 빌로드재니등에 한 마리가 날아와 채근하며 훼방을 놓는다. 뾰족하고 긴 입이 위협적이고, 날갯짓 또한 요란스러워 윙 소리가 아파치 헬기 한 대가 떠 있는 듯 고압적이다. 그러자 흰점팔랑나비는 조용히 자리를 비킨다.

한여름인 7월에도 흰점팔랑나비는 볼 수 있지만, 이 무렵쯤 되면 수가 퍽 적어지고 날개의 흰 점도 축소되어 봄철 개체보다 영 눈에 차지 않는다.

날개 편 길이: 24~30mm
좋아하는 꽃색: 노란색
잘 모이는 장소: 숲 가장자리 풀밭
볼 수 있을 때: 4~8월(연 2회)
광릉 숲에서 볼 수 있는 장소: 평화원

날개에 깨처럼 생긴 무늬를 가진 흰점팔랑나비(왼쪽).
흰점팔랑나비는 양지꽃 무리에 잘 날아온다(아래).

경제원칙을 따르는

돈무늬팔랑나비 *Heteropterus morpheus*

돈무늬팔랑나비가 나는 모양을 보면 참으로 독특하다. 톡톡 튀면서 수풀 위를 낮게 깔리듯 날아가는 모습이 여느 나비에게서 볼 수 없는 이질감 때문이겠다.

처음 돈무늬팔랑나비를 보았을 때 날개를 접고 어떻게 저렇게 날 수 있을까 무척 신기해했다. 하지만 암컷이 큰기름새 주위에서 알을 낳기 위해 천

천히 날 때 비로소 의문이 풀렸다.

즉 튀어오를 때 빠르게 날개를 폈다가 순식간에 접는다. 그러면 몸이 가라앉으므로 또 튀어오르기 위해 날개를 살짝 폈다 접는다. 이런 식으로 날면서 육림호를 훌쩍 넘어갈 때도 있다. 멀리서 바라보면 꼭 물에 빠질 듯 위태위태하지만….

돈무늬팔랑나비의 또 하나 재미난 특징은 뒷날개 아랫면에 수상한 무늬가 새겨져 있다는 점이다. 열두 개 가량의 둥글고 노란 무늬가 옹기종기 그득 차 있는데, 아마 이 무늬를 보고 동전이 연상되어서 '돈무늬'라는 이름이 붙여진 듯하다.

예전에는 어지간히도 돈에 목말라 있었구나 싶다. 돈에 집착하지 않는 요즈음 신세대들이야 이 무늬가 돈을 연상시키는 것에 좀 의아할 것이다. 아무튼 경제사정이 나아져서 이 나비를 알아주는 이 또한 줄어드는 게 틀림없는 것 같다. 그런 낌새를 미리 알아챘는지 돈무늬팔랑나비도 광릉 숲에서 슬그머니 자취를 감추어버린다.

날개 편 길이: 33mm 안팎
좋아하는 꽃색: 흰색
잘 모이는 장소: 숲 가장자리나 숲길
볼 수 있을 때: 5~8월(연 2회)
광릉 숲에서 볼 수 있는 장소: 평화원

날개에 동전 무늬가 가득한 돈무늬팔랑나비(왼쪽).

큰흰줄표범나비

여름에서 가을에 볼 수 있는 나비

여름이 지나고 스산한 바람과 함께 다가오는 가을이 되면 나비들은 새로운 기약을 하는 의식을 벌인다. 숲 언저리에 앞다투어 핀 꽃에서, 잘 익은 열매의 과실에서 마지막 자양분을 섭취하려고 애쓰는 모습을 보노라면 풍성한 추수를 하고 난 농부의 모습이 떠오른다.
일장춘몽 같던 기름진 여름날이 가고 가을이 되어서야 제 세상인 듯 활개를 치는 표범나비류가 이때쯤 가을의식의 선두에 나서게 된다.

광릉 숲을 좋아하는

흰줄표범나비 *Argyronome laodice*

표범나비라 함은 날개에 표범가죽처럼 붉은 바탕의 흑점 무늬가 가득한 특징을 지닌 무리를 일컫는다. 생김새는 물론이지만 날아다니는 것 또한 표범처럼 잽싸다.

표범나비 무리는 생태적 습성으로 보아 두 무리로 나눌 수 있을 것 같다. 하나는 확 트인 풀밭을 무대로 사는 종류이고, 또 하나는 숲과 경계되는 풀밭에 사는 종류이다.

그런데 흰줄표범나비는 중간쯤 위치한 종류일 것 같다. 말하자면 풀밭에서 살아가기도 하고, 광릉 숲처럼 나무가 우거진 곳에서도 사는 종류라 할 수 있다. 그래서 광릉 숲의 흰줄표범나비들은 여름철부터 철철 넘쳐난다.

1950년대에 광릉을 다녀가신 분의 말씀에 따르면, 길가에 핀 엉겅퀴에 흰줄표범나비 수백 마리가 날아다니고 있었다고 한다. 설사 그때와 같지는 않겠지만 지금도 광릉 숲에 가장 많은 표범나비류가 바로 흰줄표범나비이다.

이렇게 여름 한철 붉게 광릉 숲을 물들이다가 겨울이 오기 전 가을꽃에 날아와 단풍든 광릉 숲을 어지럽힌다.

날개 편 길이: 52~70mm
좋아하는 꽃색: 흰색, 분홍색
잘 모이는 장소: 숲 가장자리의 풀밭
볼 수 있을 때: 5~8월(연 2~3회)
광릉 숲에서 볼 수 있는 장소: 활엽수원

광릉 숲에는 흰줄표범나비가 많다(원 안).
길가에 날아와 꿀을 빠는 흰줄표범나비(아래).

사진에 담기 어려운

큰흰줄표범나비 *Argyronome ruslana*

흰줄표범나비보다 덩치가 크고, 날개 가장자리가 약간 모난 큰흰줄표범나비가 물가에 쳐진 시멘트 옹벽에 서슴없이 날아와 앉는다. 보통 때 같으면 무척 민감하지만 이 순간만큼 순한 양을 보는 듯 고분고분하다.

조용히 몸을 낮추고 다가가자, 놀란 눈치인지 움칠 날개를 들었다 놓는다. 하지만 그도 잠깐, 꿀맛 같은 미네랄이 이들을 둔한 곰으로 바꾸어놓은 것만 같다. 쉽게 날아가려 들지 않는다.

카메라를 슬며시 앞세워 조금씩 더 다가서 보았다. 대개 나비들은 좌우로 움직이는 물체에 빠르게 반응하지, 전 · 후진하는 물체는 잘 알아보지 못한다. 그래서 조심스레 다가서기 무섭게 셔터에 손을 얹어 힘을 주었다. '찰칵' 하자 제대로 사진 한 장 얻었다 싶어 순간 안도감이 들었다. 더 좋은 장면을 얻으리라 생각하고 시선을 다시 나비에게 주었다. 그런데 벌써 큰흰줄표범나비는 온데간데없다.

여러 번 겪었지만 나비 중 몇 종류는 불가사의하게 셔터 소리에 놀라 달아나 버린다. 아무튼 한 컷은 제대로 됐다 싶어 구부정한 몸을 펴고 일어서는데, 다른 녀석이 날아와 그 둘레를 맴도는 모습이 시야에 들어왔다. 그럼 또 한번 준비해 볼까.

날개 편 길이: 61~64mm
좋아하는 꽃색: 흰색
잘 모이는 장소: 산꼭대기나 산길 주변 풀밭
볼 수 있을 때: 6~9월(연 1회)
광릉 숲에서 볼 수 있는 장소: 소리로

돌 위에 날아와 날개를 펼친 큰흰줄표범나비 수컷(아래).

구름 속의 산책

구름표범나비 *Nephargynnis anadyomene*

구름표범나비는 초여름이 시작되는 5월에 나타나 한여름 내내 여름잠을 자고 다시 가을에 다른 표범나비들처럼 활동한다. 따라서 표범나비류 중에서 가장 먼저 나타나고, 어른벌레 기간도 가장 긴 특징이 있다.

구름표범나비들은 광릉 숲 가장자리로 자연스럽게 생긴 개활지에 날아와 풀잎에 앉아서 날개를 활짝 펼치고 쉴 때가 있다. 날개 윗면은 다른 표범나비류와 별반 다르지 않으나 아랫면은 은색 점무늬나 줄무늬 따위가 전혀 없다.

대신 구름이 흘러가는 듯한 모양의 흰 무늬가 제멋대로 흩어져 있을 뿐인데, 행동과 관계없이 이런 생김새 때문에 '구름표범나비'라고 부르게 된 것으로 풀이된다.

날씨가 흐려지면 날 수 없는 것이 대부분의 나비들의 습성인데도, 유독 구름표범나비만은 안개가 자욱한 광릉 숲을 자유자재로 날아다닐 것만 같은 느낌이 들 때가 있다. 생김새 때문에 생기는 즐거운 착각이다.

날개 편 길이: 58~67mm
좋아하는 꽃색: 흰색, 노란색, 분홍색
잘 모이는 장소: 숲 가장자리의 산길
볼 수 있을 때: 5~9월(연 1회)
광릉 숲에서 볼 수 있는 장소: 소리로, 죽엽로

구름을 연상시키듯 날개에 구름 무늬가 있는 구름표범나비 표본
(좌상: 수컷, 우상: 암컷, 좌하: 수컷 아랫면, 우하: 암컷 아랫면)
구름표범나비는 가을에 다시 나타나 활동한다(왼쪽).

숲속에서 알 낳는 모성

암검은표범나비 *Damora sagana*

광릉 상수리나무숲에 갑자기 심상치 않은 일이 벌어진 듯 나비 한 마리가 바삐 돌아다닌다. 그냥 지나칠 수 없어 다가가 확인해 보기로 했다. 크기는 황오색나비만 한데, 날개가 검게 생긴 녀석이 홀로 분탕질이다. 한참 만에 상수리나무 줄기에 앉아 날개의 무늬를 드러내자 호기심은 풀렸다. 암검은표범나비의 암컷이 분명하다.

암검은표범나비의 수컷은 일반 표범나비류와 생김새가 같지만, 암컷은 줄나비 계열처럼 검은색을 띠어 매우 이색적이다. 생김새야 어떻든지 대관절 숲속에서 무엇을 하던 중이었을까? 극성스런 모기들에게 닦달을 당하면서까지 쫓아다니며 그 이유를 알아냈다.

놀랍게도 상수리나무 줄기에 알을 낳는 중이었다. 우리의 상식으로 표범나비들은 먹이식물인 제비꽃 둘레의 마른 잎에 알을 낳는 것으로 알고 있었는데, 이 종류는 달랐다. 하기야 알에서 깨어나온 애벌레들은 먹지 않고 월동하고 이듬해 봄에 제비꽃을 찾아가기 때문에 어디에 낳든 큰 문제는 아닐성싶다.

그동안 왜 암검은표범나비가 이런 컴컴한 숲속에서 서성거렸는지 그 궁금증 하나가 제대로 풀렸다.

날개 편 길이: 63~70mm
좋아하는 꽃색: 흰색, 옅은 황록색
잘 모이는 장소: 숲길 주변 풀밭
볼 수 있을 때: 6~9월(연 1회)
광릉 숲에서 볼 수 있는 장소: 죽엽로

날개가 거무스름한 암검은표범나비 암컷(위).

여행을 즐기는 이방인

암끝검은표범나비 *Argyreus hyperbius*

제주도나 남부지방의 햇살 따뜻한 풀밭에 암끝검은표범나비가 산다. 날개는 여느 표범나비들과 달리 화사한 색으로 꾸며져 있어 남방의 이질감이 들 때가 있다. 말하자면 붉은색의 강도가 강해 남방의 현란함이 들어 있는 듯하다. 더더욱 암컷의 앞날개 끝이 거무스름하게 물들어 있어 이채로움을 더해 준다.

드디어 봄이 되면 남방에 살던 암끝검은표범나비가 세대를 거듭하면서 반도 북쪽으로 삶의 영역을 확장해 올라오기 시작하는데, 한여름쯤 이곳 광릉 숲속에 다다른다. 그래서 광릉 숲에서 어쩌다 이들을 만날 수 있게 되는 것이다.

꽃 위 혹은 소리봉 꼭대기의 빈터에 수컷들이 날아와 자리다툼하는 모습을 혹시라도 보게 되면 오랜만에 귀한 손님 만난 듯 반갑기 이를 데 없다.

마침내 계절이 바뀌어 추위가 닥치면, 암끝검은표범나비는 늦가을의 된서리에 맥없이 스러지고 만다. 이런 비극적인 종말을 맞으면서도 해마다 거듭하는 이들의 북으로의 행진욕구를 막을 길은 없을 듯싶다.

이들에게 기온이 낮아 살기에 좀 불편해도 이곳 광릉 숲에 꼭 들러서 따뜻한 남방소식을 진하게 전해 주려무나 하는 바람을 가져본다.

날개 편 길이: 71~77mm
좋아하는 꽃색: 분홍색, 흰색
잘 모이는 장소: 숲길 주변 풀밭
볼 수 있을 때: 3~11월(연 3~4회)
광릉 숲에서 볼 수 있는 장소: 관목원

제주도에 사는 암끝검은표범나비는 가끔씩 광릉 숲에 들른다(위).

숲속에 동화된 은줄표범나비 *Argynnis paphia*

여름철 광릉 숲에 들어서면 언제라도 마중 나와 기다릴 것만 같은 은줄표범나비가 있다. 이들은 숲생활에 잘 적응된 듯, 숲에 가면 꼭 만나는 친근한 나비이다.

은줄표범나비는 날개 아랫면으로 내비치는 시원스런 은색 줄무늬를 가지고 있는데, 오로지 이 나비만 가진 특색이라고 할 수 있다. 이런 특징 외에도 또 하나 재미난 사실은 표범나비류 중 가장 흔하게 애벌레가 발견된다는 점이다.

5월 중순 광릉 숲을 정처 없이 다니다 보면, 졸방제비꽃이나 털제비꽃처럼 숲 아래쪽에 자라는 제비꽃류 잎 위에서 애벌레가 자주 눈에 띈다. 처음에는 만지기가 꽤 꺼려졌다. 왜냐하면 중무장하듯 온몸에 침 같은 것이 나 있어, 모양만 다를 뿐 고슴도치나 다를 바 없기 때문이다. 찔리면 몹시 아플 것 같았다.

그런데 지금은 어떤가? 귀엽고 예쁘게만 느껴져 손대기를 주저하지 않는다. 이 침이 전혀 해를 끼치지 않고 위협용일 뿐이라는 사실을 알기 때문이다.

날개 편 길이: 61~66mm
좋아하는 꽃색: 분홍색, 흰색
잘 모이는 장소: 숲길
볼 수 있을 때: 6~9월(연 1회)
광릉 숲에서 볼 수 있는 장소: 육림로, 소리로

엉겅퀴꽃에 날아온 은줄표범나비 암컷(왼쪽).
은줄표범나비 애벌레는 5월의 광릉 숲에서 잘 발견된다(위).

늘 손거울을 들고 다니는

긴은점표범나비 *Fabriciana adippe*

여름의 광릉 숲은 햇살이 강렬하게 내리쬐는 날이 많아 나무 사이로 보면 눈이 부시다. 길가에는 엉겅퀴 · 개망초 · 큰까치수영 꽃이 앞다투어 피어나고, 그 위로 적갈색의 긴은점표범나비가 꽃을 희롱하며 넘나든다.

멀찍이 서서 바라보면 그 모습이 서로 잘 어우러져 마치 한 폭의 동영상으로 제작된 풍경화 같다. 날개를 접으면 아랫면으로 은색 점무늬가 가득한데, 햇살이 비칠 때마다 반짝반짝 조그마한 거울을 비추는 듯 앙증맞다.

요사이 풀밭이 줄어들어 풀밭 나비들의 수난기란다. 살 곳이 마땅치 않은 것이다. 도시의 빈터나 아파트에도 제비꽃이 자라고 있다지만 표범나비들은 살지 않는다. 억새가 군락을 이루고 하루 종일 햇살이 비치는 그런 자연스런 풀밭을 좋아하기 때문이다.

광릉 숲도 예전 같지 않다지만 긴은점표범나비들에게 삶터를 할애해 줄 만한 빈터는 늘 준비해 두고 있다. 광릉 숲이야말로 이 세상 어느 곳보다 풍요로운 곳이니까.

날개 편 길이: 62~66mm
좋아하는 꽃색: 분홍색, 노란색, 흰색
잘 모이는 장소: 관목숲의 풀밭
볼 수 있을 때: 6~10월(연 1회)
광릉 숲에서 볼 수 있는 장소: 화목원, 관목원

은점표범나비 무리가 엉겅퀴꽃에 날아왔다. 긴은점표범나비와 마찬가지로 날개에 손거울을 지니고 있다(왼쪽).
긴은점표범나비가 땅바닥에서 물을 마시고 있다(위).

초원의 인기인

왕은점표범나비 *Fabriciana nerippe*

예전에 흔하게 풀밭을 누비던 왕은점표범나비는 요즘 들어 눈에 띄게 사라지고 있다. 물론 사라지는 동 · 식물들이야 어디 이 나비뿐이겠는가? 1980년대 초까지만 해도 흔했던 몇몇 나비들이 사라진다는 것을 실감하던 터라, 그 심각성을 깨달아 환경부에서는 1998년에 보호대상종 4종과 멸종위기종 2종의 나비를 지정하여 법적인 보호장치를 강구하기에 이르렀다. 그중 왕은점표범나비는 보호대상종에 속해 있다.

왕은점표범나비는 현재 초원의 자연성이 잘 유지되는 대부도, 축령산 능선, 광덕산 산길에서 간혹 발견되기도 한다. 하지만 심심찮게 발견되는지라, 꼭 보호대상종에 넣었어야 했을까 하는 생각이 든다. 사실 그 자격에 대해서는 일말의 의심이 간다.

하지만 우리나라 전체로 따져볼 때 과거의 풀밭환경이 천이의 단계를 거쳐 산림화가 진행되다 보니, 초원성 나비의 감소는 어찌할 수 없는 것 같다. 따라서 왕은점표범나비를 보호대상종으로 정한 그 동기의 상징성에 동의한다.

가끔 광릉 숲 언저리에서 왕은점표범나비를 만나게 되면 만사 제쳐두고라도 온종일 따라다니며, 갖은 수다 다 떨고 싶은 심정이다.

날개 편 길이: 62~73mm
좋아하는 꽃색: 분홍색, 흰색
잘 모이는 장소: 숲 가장자리
볼 수 있을 때: 6~9월(연 1회)
광릉 숲에서 볼 수 있는 장소: 관목원, 화목원

요즘 들어서 보기 어려워진 환경부 보호종 왕은점표범나비(위).

광릉 숲의 겁쟁이

눈많은그늘나비 *Lopinga achine*

뱀눈나비류의 생태나 습성을 살피면 크게 숲속생활과 초원생활을 하는 것으로 나눠볼 수 있다. 그런데 눈많은그늘나비만은 그 중간쯤에서 생활하는 것 같다.

여러 해 동안 제주도 한라산에서 나비를 관찰하면서 특히 1700m 이상의 풀밭에 사는 종류를 대상으로 집중적으로 조사한 결과, 대부분은 풀밭에서 살아가지만 눈많은그늘나비만은 유독 구상나무 같은 관목림 둘레에서 사는 것을 확인했다. 그래서 광릉 숲과 같은 우거진 곳에서도 살아갈 수 있는 것이다.

우리 나비 가운데 눈 모양의 무늬를 가장 많이 지니고 있어서 오해를 살 만한 구석이 있다. 얘기인즉슨 누군가 자기를 엿보는 것 아닌가 두려워하는 눈치인 양 보이기 때문이다.

광릉 숲을 지나다 보면 간혹 숲속에서 나들이 나온 이 녀석들이 불쑥 몇 발자국 앞서 날아간다. 오랜만에 햇빛을 받으러 나왔다가 발각된 것이다. 그럴 것이다. 숲속에만 있으려니 갑갑하기도 했으리라.

하지만 얼마나 민감한지 풀숲 스치는 자잘한 소리에도 자리를 피해 버리니, 좀처럼 친해지기가 어렵다. 역시 큰 눈이 그득해서 그런지 겁쟁이로 여겨짐은 어쩔 수 없을 것이다.

날개 편 길이: 46~55mm
좋아하는 꽃색: 노란색, 흰색
잘 모이는 장소: 참나무숲 주변
볼 수 있을 때: 6~8월(연 1회)
광릉 숲에서 볼 수 있는 장소: 소리로, 죽엽로

눈많은그늘나비는 날개에 눈 모양 무늬가 그득하다(위). 눈많은그늘나비는 숲속을 좋아하지만 간혹 풀밭에 모습을 나타낸다(원 안).

남방부전나비

가을 나비

드디어 광릉 숲에 가을이 깃들면 대부분 나비들의 삶은 버거워진다. 하지만 진정 가을 나비라 할 수 있는 남방부전나비와 줄점팔랑나비는 이때부터 초겨울까지 활기찬 삶을 이어간다.

곧 이어 닥치게 될 매서운 추위에는 이들도 어쩔 수 없지만 결코 광릉 숲 나비들의 삶은 여기서 끝나지 않는다. 광릉 숲을 보금자리 삼아 곤한 잠에 들면서 다시 만날 날을 고대하고 있는 듯 보인다.

아파트 숲의 지킴이

남방부전나비 *Pseudozizeeria maha*

요즈음 대도시의 아파트단지에는 이질적인 외래식물을 많이 심어놓아 엉뚱한 숲이 만들어지고 있다. 도무지 나비 보기가 힘들어졌다. 외국에서는 도시에도 '나비정원'이라는 테마 숲을 꾸며 나비가 날아와 쉴 수 있도록 배려함은 물론 아예 터를 잡고 살아갈 수 있도록 꽃과 나비 애벌레의 먹이식물을 심어놓았다. 언제나 자연스럽게 나비가 날아오도록 만든다는 생각 자체가, 우리는 시도한 적이 없어 매우 부럽기까지 하다.

가을이 되면 아파트촌 잔디밭에서 남빛 날개를 바쁘게 움직이며 수놓아 주는 조그마한 남방부전나비가 있다. 삭막한 이곳에 적지 않게 날아다니는데, 어찌 된 영문일까? 그것은 이들이 비록 남쪽지방에 근거지를 두었지만 암끝검은표범나비처럼 세대를 거듭하며 영역을 넓혀와서 이곳까지 이

른 것이다.

남방부전나비들이 굳이 아파트에 들어온 이유를 살피자면 먹이식물인 괭이밥이 잔디 사이에 꽤 세력을 떨치고 있기 때문이기도 하고, 숲보다는 평지를 좋아하는 습성 때문이기도 하다. 오히려 광릉 숲보다 이곳에 더 많다.

그동안 우리 주위의 척박한 땅을 골라 살아가는 남방부전나비가 아파트 단지에서 번성하는 것도 따지고 보면 아파트에서만 생활하는 이들에게 큰 위안거리가 될 것 같다.

날개 편 길이: 23~27mm
좋아하는 꽃색: 노란색, 흰색, 분홍색
잘 모이는 장소: 야생화가 많은 풀밭
볼 수 있을 때: 4~10월(연 수회)
광릉 숲에서 볼 수 있는 장소: 관목원, 화목원, 열대식물원 주위

괭이밥이 많으면 남방부전나비도 많아진다(왼쪽).
가을에 수가 많아지는 남방부전나비(위).

가을꽃을 누비는 방랑자

줄점팔랑나비 *Parnara guttata*

가을이 되면 산림박물관 앞에는 국화꽃이 늘어져 있다. 그러면 관람객들은 엉뚱하게 관람시설보다도 이 꽃의 아름다움을 음미하기도 하고, 그 향기에 매료되어서 한참 넋을 잃고 서 있게 마련이다. 한 소녀는 아예 그곳을 놀이터쯤으로 아는지 떠날 줄을 모른다. 이 무렵이면 늘 볼 수 있는 국립수목원의 아름다운 정경 가운데 하나이다.

줄점팔랑나비는 6월경에 나타나 늦가을까지 3, 4회 발생하는 것으로 알려져 있으나, 광릉에서는 9월부터 나타나 10월 말이면 서서히 자취를 감춘다. 전형적인 가을 나비인 것이다.

꽃에 날아와 앉을 때, 이름처럼 날개 아랫면에 흰 점 네 개가 나란히 늘어서 있다. 언뜻 보면 한일(一) 자처럼 보인다. 그래서 가을에 코스모스에 날아와 꿀을 빨 때 나비 생김새보다도 이 일 자 무늬가 눈에 잘 들어온다.

"자기의 모습이 으뜸이다"는 것을 알리고 싶은 것일까? 아니면 "자기가 가장 가을 늦게까지 날아다닌다"는 걸 알리고 싶은 것일까?

애석하게도 이 나비는 해충이라는 오명을 가지고 있다. 애벌레가 벼 잎을 말아 그 속에서 지내다 벼 잎을 갉아먹기 때문이다. 쌀 생산성을 떨어뜨리는 것이다.

우리와 주식을 공유하는 줄점팔랑나비를 고운 시선으로 바라볼 리 없다지만, 요사이 애완동물에게 들어가는 식량의 소모량을 감안해 볼 때 이들에게 까치밥 정도 양보하는 것도 괜찮을 성싶다.

날개 편 길이: 31~41mm
좋아하는 꽃색: 흰색, 노란색, 붉은색
잘 모이는 장소: 개울가, 풀밭
볼 수 있을 때: 5~11월(연 2~3회)
광릉 숲에서 볼 수 있는 장소: 화목원

가을에 줄점팔랑나비를 광릉 숲에서 종종 볼 수 있다(아래).
날개를 펴고 앉아 있는 줄점팔랑나비(원 안).

긴꼬리제비나비

봄부터 가을까지 볼 수 있는 나비

나비의 삶을 누가 덧없다 했는가?

나비는 여러 세대를 거쳐가며 광릉 숲에 있기를 원한다. 그래서 광릉 숲을 수놓을 것이다. 그러기 위해 봄부터 가을까지 쉬지 않는다.

이들이 있음으로 해서 광릉 숲이 그 어느 곳보다 풍요롭다 하지 않겠는가?

우리 곁에서 소박하게 살아온

꼬리명주나비 *Sericinus montela*

누에고치에서 뽑아낸 실로 만든 명주옷감처럼 고운 날개를 지닌, 사실 소박하기 이를 데 없는 나비이다. 한번쯤 어느 시골 모퉁이에서 만난 적이 있음직한 평범함이 깃들인 것은 우리 강토 위를 오랫동안 날아다녔기 때문일 것이다.

게다가 잔잔한 파도가 밀려와서 천천히 밀려가듯 날아다니는 여유자적하는 비행술은 우리 민족의 여유 있는 기질을 담아놓은 듯 친근하기까지 하다.

평화원 앞쪽의 그다지 넓지 않은 터에 경작되던 논들이 있었다. 이곳 주변에 먹이식물인 쥐방울덩굴이 얼기설기 자라나 있어 꼬리명주나비가 꽤 많았다. 지금은 수가 엄청 줄어들었는데, 논 주변으로 강력한 '제초제'가 뿌려지면서 꼬리명주나비는 명맥만 유지한 채 가끔씩 보일 뿐이란다.

꼬리명주나비는 사람들의 사랑스런 손길이 닿아야만 살아갈 수 있는 우리와 가까운 벗임을 새삼 느끼게 된다.

날개 편 길이: 50~55mm
좋아하는 꽃색: 흰색
잘 모이는 장소: 숲 가장자리의 풀밭
볼 수 있을 때: 4~9월(연 3회)
광릉 숲에서 볼 수 있는 장소: 습지원 주변

꼬리명주나비 암컷은 날개 색이 짙어진다(오른쪽 위).)
명주옷을 입고 소박한 삶을 꾸려온 꼬리명주나비 수컷(오른쪽 아래).

나비의 꿈 호랑나비 *Papilio xuthus*

나비를 화제로 삼아 이야기하는 사람들은 대개 '호랑나비'를 먼저 떠올린다. 이로 보아 우리 민족과 호랑나비가 맺어온 인연은 오래 되었던 것으로 여겨진다. 옛 글이나 그림 속에 약방의 감초처럼 '범나비'가 그려지고 시나 가사에 담겨, 우리 민족과 떼려야 뗄 수 없는 한자리를 매김하고 있었을 것이다.

호랑나비가 범(호랑이)을 꼭 닮아서 이름이 제격이란 생각을 늘 하고 있다. 나는 모습도 매우 당차고 생활반경도 넓어, 마치 범이 너른 숲을 누비듯 남성적 이미지를 담뿍 담고 있다.

숲 언저리를 날다가 훌쩍 다른 쪽 계곡으로 넘어가면서 숲의 아름다움을 만끽하는 호랑나비가 광릉 숲에 특히 많은 까닭은 먹이식물인 황벽나무와 산초나무가 그득하기 때문이다.

글쓴이는 어렸을 적에 울타리 삼아 심어놓은 탱자나무들 사이에서 호랑나비의 애벌레와 번데기를 보고 나비에 대해 동경심을 가지게 되었다. 이제 우리 주변이 너무나 인공적인 환경으로 변하다 보니, 호랑나비를 볼 때마다 산과 들에 야생생물들이 지천으로 깔렸던 풍요로웠던 옛 시절이 생각나는 것을 어찌할까 싶다.

날개 편 길이: 52~67mm
좋아하는 꽃색: 붉은색, 흰색, 엷은 황록색, 분홍색
잘 모이는 장소: 산꼭대기, 개울가, 야생화가 많은 풀밭
볼 수 있을 때: 4~10월(연 2~3회)
광릉 숲에서 볼 수 있는 장소: 관목원을 비롯한 모든 곳

호랑나비 두 마리가 물가에 날아와 다투며 물을 마시고 있다(왼쪽 위).
우리와 친근한 호랑나비(왼쪽 아래).
산초나무는 호랑나비의 먹이식물이다(원 안).
호랑나비가 밝은 길가에 날아와 꽃의 꿀을 빨고 있다(아래).

광릉 계곡을 누비는

긴꼬리제비나비 *Papilio macilentus*

호랑나비 무리는 날개가 크고 힘이 세어 꽃이나 물가를 찾아 주춤하며 앉을 때말고는 줄곧 날아다닌다. 산림박물관 앞 너른 빈터에 불쑥 날아드는 호랑나비들을 만날 때가 자주 있다. 물론 소리봉 쪽의 탁 트인 능선 길에도 산제비나비 등이 거침없는 비행을 하는데, 이들 나비가 지나다니는 곳을 특별히 '나비길'이라고 하여 호랑나비 무리의 고유한 행동으로 규정하고 있다.

하지만 같은 호랑나비 무리라 하더라도 모시나비나 꼬리명주나비와 같은 원시 종류는 이런 행동을 하지 않는다.

긴꼬리제비나비는 이들 무리 중에서 유독 계곡을 누비기 좋아한다. 좁은 계곡의 틈새를 비집고 지나다니며 올라갔다 내려갔다 한다. 아마 꽃에 오거나 짝짓기 하는 일 외에는 종일 누비고 다닌다고 보면 맞다.

자기네들끼리 마주칠 때는 반드시 어정쩡한 날갯짓으로 한 바퀴 서로 부둥켜안듯 맴돈다. 아마 같은 수컷끼리면 우위에 서보려고 애쓸 테지만, 암수가 만나면 사랑을 주고받을 수 있을지 탐색하는 것이리라. 이럴 때 수컷 쪽이 적극적이고, 암컷 쪽은 사랑을 받아들일지 여부를 결정한다. 나름대로 긴꼬리제비나비들에게도 사는 방식이 따로 있구나 싶다.

날개 편 길이: 64~113mm
좋아하는 꽃색: 분홍색, 흰색
잘 모이는 장소: 숲 가장자리의 길가나 개울가
볼 수 있을 때: 5~9월(연 2~3회)
광릉 숲에서 볼 수 있는 장소: 육림호를 비롯한 모든 곳

철쭉꽃을 희롱하고 있는 긴꼬리제비나비(위).
긴꼬리제비나비의 다 큰 애벌레(원 안).

애처로운 노랑저고리 아가씨

각시멧노랑나비 *Gonepteryx aspasia*

맑게 갠 봄날 오후, 각시멧노랑나비 암컷 한 마리가 천천히 날아다니기에 뒤좇아보았다. 한참 만에 각시멧노랑나비가 서성이는 곳의 둘레를 살펴보았더니, 누군가에 의해 잘려 쓰러진 굵은 갈매나무 한 그루가 보였다.

그런데 잘린 지 얼마 안 되어서 그런지 아직 나무줄기에서는 어린순이 맥없이 자라고 있었는데, 이곳에다 알을 낳는 것이 아닌가? 얼마 안 가 틀림없이 시들 운명인 그 잎에다 무려 100개 남짓한 알을 낳아놓았다. 아무래도 깨어나올 애벌레들은 모두 이 나무와 운명을 함께할 듯싶다.

각시멧노랑나비에게서 애처로운 경험을 한 가지 더 한 적이 있다. 6월경이었다. 개울가 갈매나무 위에서 여러 애벌레들을 본 적이 있었는데, 그 다음 주에 가보고는 무척이나 놀랐다. 그 많던 애벌레가 기생벌에게 기생(寄生)을 당하여 모두 죽고 껍데기만 남아 있었기 때문이다.

나비의 생존율이 자연상태에서 고작 1~2%에 지나지 않는다는데, 그래도 각시멧노랑나비는 광릉 숲에 많다. 그러니 얼마나 많이 낳고 죽어갔을까? 이런 문제에 부딪히는 것은 비단 각시멧노랑나비만은 아닐 것이다.

하지만 이렇게 자기 자식을 무수히 잃어야만 광릉 숲이 건강해지는 것 아니겠는가? 우리 인간을 포함하여 모든 생물이 다 이렇게 끈끈하게 이어져가는 생명력이 있다는 것을 알아둘 필요가 있다.

날개 편 길이: 55~59mm
좋아하는 꽃색: 분홍색, 흰색
잘 모이는 장소: 숲 가장자리
볼 수 있을 때: 6~9월, 월동 후 3~4월(연 1회)
광릉 숲에서 볼 수 있는 장소: 평화원로를 비롯한 모든 곳

각시멧노랑나비는 노랑저고리를 입고 있는 새색시 같은 분위기이다(아래).

꽃 따라다니는 방랑객

노랑나비 *Colias erate*

광릉 숲은 온갖 야생화의 향연장이다. 봄에 복수초를 시작으로 얼레지, 진달래, 홀아비꽃대 등의 야생꽃들이 광릉 숲을 빈자리 없이 빼곡히 차지한다. 가을에 쑥부쟁이와 개미취 등이 마지막으로 피고 지면, 겨울에는 가지마다 눈부시도록 소담스러운 갖가지 모양의 눈꽃송이까지 얹어서 광릉 숲을 꼭꼭 채워준다.

이렇듯 사시장철 다양한 야생화들이 피는 곳도 드물 것이다. 그래서 광릉 숲에 터를 잡은 노랑나비는 얼마나 행복할까 싶다. 노랗게 곰삭듯 물들인 노랑나비가 꽃보다 더 예쁘게 꽃 속에 파묻힌다.

앉을 때면 언제나 날개를 접음으로써, 날개를 펼쳤다 접었다 하는 뭇 나비와 달리 경망스럽지 않고 의젓함을 견지하며 살아간다. 앞다투어 핀 여러 야생화 위로 애무하듯 지나가는 몸가짐 또한 곱살하기 이를 데 없다.

정말이지 광릉 숲에서 평생을 보내는 노랑나비야말로 하늘이 내려준 신선이 아니고 무엇이겠는가!

날개 편 길이: 44~53mm
좋아하는 꽃색: 흰색, 연노란색, 분홍색
잘 모이는 장소: 양지바른 풀밭
볼 수 있을 때: 3~10월(연 수회)
광릉 숲에서 볼 수 있는 장소: 수목원 모든 곳

개망초를 잘 찾는 노랑나비는 흰나비과 중에서 나는 힘이 가장 세다(위).

우리 주변을 떠나지 않는 옛친구

배추흰나비 *Pieris rapae*

일반인에게 가장 잘 알려진 나비로 배추흰나비를 들 수 있을 것이다. 초등학교 교과서에도 호랑나비와 더불어 한살이 과정이 실려 있어, 누구나 어린 시절부터 잘 아는 나비이다. 유년시절은 기억력이 좋고 지식을 잘 받아들일 때이므로, 이때 습득된 나비에 대한 지식은 오래 기억되고, 곤충을 가깝게 여길 줄 아는 심성 또한 길러지게 된다.

배추흰나비는 사람 주위를 늘 맴돌며 산다. 그래서 밭 주변에 더 많지 숲이 우거진 광릉 숲에는 드물다. 먹이식물이 십자화과 식물들인데, 유독 우리 민족이 오래 전부터 길러온 배추와 무를 즐겨 먹는다.

한동안 배추흰나비의 애벌레를 배추벌레라 하여 경멸했던 적도 있었는데, 아이러니컬하게도 지금은 꽤 환영받고 있다. 배추벌레가 붙은 배추는 무공해식품으로 인식되기 때문이다. 차츰 야채의 먹을거리도 상추 따위의 국화과 식물 쪽으로 변해 가는 추세여서, 배추흰나비의 터전이 사라져 가고 있으니 매우 서글픈 일이 아닐 수 없다.

날개 편 길이: 40~48mm
좋아하는 꽃색: 흰색, 노란색
잘 모이는 장소: 십자화과 식물 주위
볼 수 있을 때: 4~10월(연 수회)
광릉 숲에서 볼 수 있는 장소: 화목원, 수생식물원

광릉 숲에서 오히려 보기 힘든 배추흰나비(위).

슬픈 역사를 간직한

대만흰나비 *Pieris canidia*

이 나비에 '대만'이라는 이름이 들어 있는 것이 참 묘하다. 과연 타이완에서 건너온 나비일까? 이 나비에 이런 이름이 붙게 된 이유는 대강 이렇다. 과거 일본인들이 타이완을 침략했을 때 어느 일본인 학자에 의해 지어졌고, 우리도 이 이름에서 따왔기 때문이다.

대만흰나비가 일본 본토에는 살지 않고 대마도에 사는 점 또한 특이하다. 그리고 한반도 모든 지역에 다 사는데, 제주도에만은 살지 않는다. 이러한 서식지역을 배경으로 지질사(地質史)를 논해 볼 때, 제주도가 일본에 더 가깝고, 대마도는 우리 땅과 더 가깝다는 식의 해석을 할 수 있겠다. 물론 대마도가 일본보다는 한반도에 더 오래 붙어 있었다는 식의 해석이 가능할 수 있어도, 제주도가 일본에 더 오래 붙어 있었다는 식은 곤란할 것 같다. 대만흰나비를 가지고 너무 과대해석을 했나 싶다.

대만흰나비는 광릉 숲속에 햇빛이 잘 내리쬐는 장소만 골라 자라는 나도냉이에 기대어 한 해에 여러 세대를 거쳐 가면서 살아간다. 그런데 늘 눈치 보듯 날아가는 모습이 마치 괴롭힘을 당하는 개처럼 풀이 죽어 있다.

아픈 역사를 간직한 수치스러움이 배어서일까? 광릉 숲에서 머리 숙이고 다니는 녀석은 대만흰나비밖에 없는 것 같다.

날개 편 길이: 38~45mm
좋아하는 꽃색: 흰색, 분홍색
잘 모이는 장소: 숲 가장자리
볼 수 있을 때: 4~10월(연 3~4회)
광릉 숲에서 볼 수 있는 장소: 관목원, 화목원, 육림로

과거 역사를 간직한 대만흰나비(아래).

산길의 안내자 큰줄흰나비 *Pieris melete*

평지로 이루어진 광릉 숲과 달리 평범한 산들은 입구까지 배추흰나비가 살고, 산으로 들어서면 큰줄흰나비가 산다. 그래서 배추흰나비를 초원성, 큰줄흰나비를 산림성 나비라 부른다.

하지만 나는 모습만으로 판별해 내기는 꽤 어렵다. 마치 쌍둥이 구별하듯 자세히 들여다보아야 하는데, 날개의 맥을 따라 검은 선이 뚜렷한 녀석이 큰줄흰나비이다. 그런데 국립수목원은 평지라도 워낙 숲이 우거져 있어 배추흰나비는 외곽으로 밀려나고 큰줄흰나비가 광릉 숲을 주름잡고 있다.

보슬비가 간간이 내리면서 살포시 젖은 광릉 숲길을 걷다 보면, 곤충들은 대부분 이미 피난처로 떠났는지 보이지 않지만 큰줄흰나비만큼은 끈질기게 날아다니고 있다.

가느다란 빗소리와 개울물 소리가 한데 어우러진 어둠침침한 숲속 길을 걷는 사람은 시인이나 된 듯 마음이 평온해진다. 거기에 이 큰줄흰나비가 선명하게 날아다니는 모습을 보게 되면 그 자체가 낙원이요, 안식처처럼 느껴질 것이다.

이런 생각에 잠겨 걷노라니 내가 나비인지 나비가 나인지 모를 '장자의 나비 꿈' 생각이 절로 난다.

날개 편 길이: 41~54mm
좋아하는 꽃색: 보라색, 흰색, 분홍색
잘 모이는 장소: 숲길 주변
볼 수 있을 때: 4~10월(연 3~4회)
광릉 숲에서 볼 수 있는 장소: 수목원 모든 곳

큰줄흰나비 짝짓기(왼쪽).
이른봄 민들레꽃을 방문한 큰줄흰나비 봄형(아래).

미스 포토제닉

작은주홍부전나비 *Lycaena phlaeas*

광릉 숲길 주변에서 흔히 볼 수 있는 나비로 날개가 붉게 물든 녀석이 있다. 작은주홍부전나비이다. 아마 광릉 숲에서 이렇게 붉은색으로 물든 나비는 이 종류뿐인 것 같다.

작은주홍부전나비는 제주도에서 북부지역까지, 또 저지대에서 높은 지대까지 마디풀과 소리쟁이 등의 먹이식물만 충족된다면 어디든 살 수 있다. 외국에서는 4000m 높이의 히말라야 산지는 물론 북극권의 혹한 상황에서도 잘 견뎌낸다. 또 4월부터 10월까지 언제든 볼 수 있다.

새하얗게 핀 야생화에 날아와 앉을 때 붉은 날개와 조화를 잘 이루어 꽃과 나비 어느 하나라도 없으면 세상 아름다움이라는 게 모두 사라질 것 같은 분위기이다. 게다가 사진을 찍을 때마다 느끼는 것이지만, 카메라 파인

더에 들어온 작은주홍부전나비를 바라보면 황홀경 그 자체이다.

사진기로 바라본 작은주홍부전나비가 평소보다 더 예쁜 것이야 다른 잡다한 것을 빼내고 이 나비만 집중해서 바라볼 수 있기 때문이겠다. 아무튼 나비로서 별 인기는 없어도 사진만큼은 늘 예뻐, 미스 포토제닉이라는 별명을 꼭 붙여주고 싶은 심정이다.

날개 편 길이: 27~33mm
좋아하는 꽃색: 흰색, 노란색, 보라색
잘 모이는 장소: 숲길 주변, 하천 주변
볼 수 있을 때: 4~10월(연 수회)
광릉 숲에서 볼 수 있는 장소: 관목원 주위를 비롯한 모든 곳

풀 위에서 자신의 사진을 찍는 줄 알고 멋진 포즈를 취하는 작은주홍부전나비(왼쪽 첫번째).
작은주홍부전나비는 날개를 접어도 깜찍하다(왼쪽 두번째).
작은주홍부전나비는 습지원에 잘 날아오는데, 이렇게 습한 장소를 꽤 좋아한다(아래).

숨겨진 미인 암먹부전나비 *Everes argiades*

동식물은 작을수록 귀엽다. 식물이 싹을 돋울 때나 동물의 새끼를 볼 때면 우선 작아서 앙증맞다. 나비들 가운데 크고 화려한 종류는 얼마든지 많지만, 손톱만한 부전나비류도 화려함 면에서 너하면 더했지 덜하지 않다.

나비에 관심을 갖고 관찰을 즐기는 사람들은 처음에는 큰 종류에만 관심을 둔다. 하지만 어느 정도 경지에 올랐다 싶으면 부전나비류와 같은 작은 종류에도 눈을 돌리게 마련이다.

암먹부전나비도 보기에는 매우 작지만, 일단 이들의 생김새나 행동을 유심히 살펴본 사람이라면 그 아름다움에 매료될 것이다. 날개 위는 수컷은 가장자리의 검은 띠 외에는 티끌 하나 없는 짙은 하늘색, 암컷은 흑갈색을 띠는데, 뒷날개에 꼬리 돌기가 실처럼 가느다랗게 나 있다. 또 그 꼬리 돌기

의 뿌리 쪽으로 붉은 티 하나가 돋보여, 바라볼수록 푹 빠져드는 매력을 느끼지 않을 수 없다.

사실 암먹부전나비가 작아서 그렇지, 크게 확대하여 본다면 놀랄 만큼 아름다울 것이다.

양지바른 광릉 숲길 위로 살포시 내려앉아 날개를 펴면서 맵시를 부리거나 날개를 접고 앞뒤 날개를 비비며 율동하는 모습이 선선한 아름다움으로 다가선다.

날개 편 길이: 25~26mm
좋아하는 꽃색: 흰색, 분홍색
잘 모이는 장소: 숲 가장자리
볼 수 있을 때: 3~10월(연 3~4회)
광릉 숲에서 볼 수 있는 장소: 화목원 주위를 비롯한 모든 곳

암먹부전나비 암컷(왼쪽 첫번째)과 수컷(왼쪽 두번째)은 다른 종처럼 생김새가 다르다.
날개를 펴면 청색이 돋보이는 암먹부전나비 수컷(위).
암먹부전나비는 앉으면 날개를 비비는 모습을 연출한다(아래).

부지런한 귀염둥이 먹부전나비 *Tongeia fischeri*

개울가 양지쪽으로 자라는 돌나물 둘레에 '작은홍띠점박이푸른부전나비'와 함께 조그만 나비 한 종류가 더 산다. 생김새는 뒷날개 꼬리 돌기 모양으로나 땅 위로 깔리듯 바지런히 날아다니는 모습에서 콩과(科) 식물을 먹이로 삼는 '암먹부전나비'와 닮았다. 하지만 먹이식물이 서로 다르고, 먹부전나비 쪽이 암수 모두 날개의 윗면이 먹물색이어서 계통도 다르다.

먹부전나비는 늘 부지런히 살아간다. 꽃을 찾을 때나 물가 주변을 서성거릴 때, 앉아서 몸 매무새를 고치면서도 도무지 게으름이란 찾아볼 수 없다.

광릉 숲을 한 바퀴 구경하고 나오는 길에 먹부전나비를 길 위에서 우연히 발견하면, '아! 너도 이 숲의 식구였구나!' 하고 새삼스러워질 때가 있다. 광릉 숲의 어엿한 식구로 자리매김하며 자신의 삶에 충실한 먹부전나비를 발견하게 되는 것이다.

그리고 먹부전나비가 광릉 숲을 떠나지 않았다는 사실이 바로 광릉 숲을 풍요하게 만들고 매력도 잃지 않게 한다는 것도 꼭 알아야 되겠다.

날개 편 길이: 22~29mm
좋아하는 꽃색: 흰색, 노란색
잘 모이는 장소: 돌나물이 많은 개울가
볼 수 있을 때: 4~10월(연 3~4회)
광릉 숲에서 볼 수 있는 장소: 화목원

먹부전나비 짝짓기(오른쪽 위).
바지런히 날다가 숨을 고르기 위해 앉는 먹부전나비(오른쪽 아래).

길 위에 반짝이는 보석

푸른부전나비 *Celastrina argiolus*

우리나라 어디를 가도 흔히 만날 수 있고 많은 나비 한 종류를 굳이 고르라면 푸른부전나비를 택할 것 같다. 물론 배추흰나비나 네발나비도 전국에 분포하지만 이들은 주로 마을 주변에만 살지, 푸른부전나비처럼 한라산 백록담이나 설악산 대청봉과 같은 높은 산에는 살지 않는다.

이 나비를 푸른부전나비라고 부르는 것에 유감이 있다. 수컷이 날개를 펼치면 파란빛을 띠지 푸른(녹색)빛은 아니기에 그렇다. '파란부전나비'라고 불러야 옳은 말인 것 같다.

광릉 숲에서 봄부터 가을까지 내내 볼 수 있는데, 한 해에 여러 세대가 되풀이된다. 그런데 봄에 나타나는 녀석들은 미묘한 차이지만 날개 색이 더 짙고 곱다. 그래서 푸른부전나비를 봄철 나비로 생각하는 경우가 많다.

혹 독자분들도 국립수목원에 오시거든 산보를 할 때마다 파란빛이 감도는 이 나비를 눈요기 삼아 보시기를 권한다. 늘 길 위에 앉아 보석처럼 반짝거리고 있을 테니까.

날개 편 길이: 28~32mm
좋아하는 꽃색: 흰색, 노란색, 분홍색
잘 모이는 장소: 숲길가
볼 수 있을 때: 3~10월(연 수회)
광릉 숲에서 볼 수 있는 장소: 수목원 모든 곳

푸른부전나비가 한자리에 모여 먹이를 먹고 있다(위).

광릉 길을 지키는 예쁜이

부전나비 *Lycaeides argyronomon*

국립수목원 정문에서 산림박물관 쪽으로 확 트인 길이 나 있다. 이 길을 걷다 보면 여러 곤충들과 마주치게 된다. 포장되지 않은 흙길이어서 그런지 길가의 풀들은 생기가 넘치고, 주변의 광릉갈퀴는 짙은 보랏빛의 꽃을 줄줄이 달고 있다. 광릉갈퀴는 가느다란 덩굴손을 여기저기에 뻗쳐 움켜쥐고 있다. 꽃 주위로 진딧물이 잔뜩 달라붙어 있는데, 그 사이에서 부전나비의 애벌레가 통통하게 살을 찌우고 있다.

부전나비는 밝은 곳을 유난히 좋아하는 습성 때문에 숲 쪽에는 얼씬도 안 하지만, 요사이 제초제를 뿌려놓은 곳이 많아 예전처럼 많지 않다고 한다. 하지만 어디 광릉에 이유 없이 농약을 뿌려놓을 리 만무, 부전나비는 오래도록 살아갈 요량으로 터를 잡았다.

'부전'이라는 말이 참 생소하다. 요즈음 쓰이지 않는 말이지만, 조그마한 나비에 붙어 오래간다. 가끔씩 신세대들한테 이 '부전'이라는 의미를 질문받을 때가 있다.

'부전'은 예전에 사진을 끼우기 위해 쓰였던 삼각 모양의 조그마한 장식품을 말한다. 이 이름을 처음 이 나비에 붙인 분이 나비학자 석주명 선생님의 선배분이라는데, 아무튼 이분 덕에 좋은 우리말 하나 계속 쓰이게 되어 무척 다행스럽게 생각한다.

날개 편 길이: 28~31mm
좋아하는 꽃색: 분홍색, 흰색
잘 모이는 장소: 하천변이나 숲길가 풀밭
볼 수 있을 때: 5~10월(연 수회)
광릉 숲에서 볼 수 있는 장소: 관목원

부전나비는 숲보다는 물이 있는 풀밭을 더 좋아한다(원 안). 수목원 광장 길옆으로 부전나비가 나타난다(아래).

광릉 숲에서 늘어나는 괴물

뿔나비 *Libythea celtis*

광릉 숲에는 뿔 달린 나비가 한 종류 있다. 뿔이 머리 위로 하나 쭉 뻗어 있어, 보기에도 심상치 않은 분위기이다. 원래 이것은 아랫입술 수염이 길게 나온 것으로 각질화된 염소나 쇠뿔과 근본적으로 다르다.

광릉의 산길에서 삼림욕하는 사람의 발자국 소리에 놀랐는지, 뿔나비는 날개를 접고 후닥닥 나뭇가지에 달라붙는다. 앙상한 가지에 말라죽은 나뭇잎이 붙어 있는 듯 한동안 움직이지도 않는다. 보기에도 영 예쁘지 않다. 하지만 봄과 가을, 꽃에 날아와 한가로이 꿀을 먹을 때, 날개를 활짝 펼치면 날개 윗면에 고동색 무늬가 있어 약간 봐줄 만한 정도다.

뿔나비가 주목을 끄는 면은 뿔 이외에도 두 가지가 더 있다.

첫째는 어른벌레 기간이 꽤 길다는 점인데, 6월쯤 출현하여 어른벌레로 겨울을 나고 이듬해 5월경까지 산다. 장장 11개월을 어른벌레로 지내는 것이다. 둘째는, 요즘 들어 수가 늘고 있다는 점이다. 다른 나비들은 줄어드는데, 뿔나비만은 광릉 숲에 많은 편이다. 특히 6월중 물가에 몰려와 앉을 때는 수백 마리가 한꺼번에 앉아 있기도 한다.

아무튼 뿔나비에게서 신비감이 드는 것은 뿔뿐만은 아닌 것 같다.

날개 편 길이: 42~50mm
좋아하는 꽃색: 분홍색, 흰색
잘 모이는 장소: 하천변이나 숲길가
볼 수 있을 때: 6~10월, 월동 후 3~5월(연 1회)
광릉 숲에서 볼 수 있는 장소: 수목원 모든 곳

땅 위에서 날개를 편 뿔나비는 머리에 뿔을 달고 있다(위).
개울가에 날아온 뿔나비떼(아래).

광릉 숲의 가련한 자

네발나비 *Polygonia c-aureum*

농촌의 평범한 개울가에 난 길을 아무 생각 없이 걸어본 적이 있다. 어느 농부의 바지런한 손길이 닿아서인지 그 길은 잡초더미가 깔끔히 치워져 있었다. 이런 곳에는 늘 손바닥처럼 생기고 깔끄러운 잎을 바닥에 늘어뜨린 환삼덩굴이 자라게 마련이다. 잘려진 곳을 유심히 보니 환삼덩굴의 곁가지 사이로 새싹이 움터, 잡초를 제거한 지 어느 정도의 시간이 흐른 것 같다. 여기에 열심히 알을 낳으려고 암컷이 서성거린다.

예전에는 네발나비를 '남방씨알붐'이라고 불렀다. 이는 뒷날개 아랫면에 황갈색 바탕에 은색의 C자 무늬가 아로새겨져 유사종인 산네발나비를 '씨알붐'이라 한 것과 대비시켜, 남쪽에 산다는 의미의 남방을 붙인 것이다.

사실 숲이 우거질 대로 우거진 광릉 숲에서는 오히려 네발나비를 찾아보기 어렵고, 주변의 경작지로 가야만 겨우 명맥을 유지하며 살아가는 현장을 볼 수 있다.

광릉 숲에서는 한편으로 가련한 나비이다.

날개 편 길이: 47~54mm
좋아하는 꽃색: 흰색, 분홍색
잘 모이는 장소: 숲 가장자리의 길가
볼 수 있을 때: 6~10월, 월동 후 3~5월(연 3~4회)
광릉 숲에서 볼 수 있는 장소: 화목원, 식 · 약용식물원

네 발만 사용하는 네발나비(오른쪽 첫번째)
열대식물원 앞의 네발나비(오른쪽 두번째).

남다른 자식사랑

산네발나비 *Polygonia c-album*

네발나비와 산네발나비는 생김새가 워낙 비슷하여 처음 보는 이들은 구별이 쉽지 않다. 조금 차이를 두자면, 산네발나비 쪽이 날개의 바탕색이 더 붉고 짙으며 뒷날개 선두리 쪽으로 쭉 뻗친 돌기가 뭉툭한 점이 다르다.

먹이식물도 다르다. 네발나비 애벌레가 환삼덩굴을 먹고 사는 반면, 산네발나비는 느릅나무 · 비술나무 · 풍게나무 등 다채롭게 먹을 뿐더러 이 식물들이 숲에 살므로 산네발나비가 산림을 터전으로 삼는 이유가 된다.

한번은 숲속 공간으로 햇빛이 비치는 곳에서 암컷 한 마리가 어정쩡한 자세로 날다가 앉기에 호기심이 생겼다. 처음에는 그냥 지나치려고 했으나 늘 보던 모습이 아니어서 죽 지키고 앉아 있기로 했다. 햇빛이 비치는 잎 위에서 날개를 펼치고 몸을 데우는가 싶더니, 이윽고 비술나무 잎을 탐색하며 날아오른다.

비술나무는 사람 키만 한 높이였는데, 여러 차례 살피다가 좋은 자리라 여겼는지 드디어 알을 낳는다. 잠시 후 다시 양지바른 곳에 앉았다가 알 낳기를 되풀이한다. 그런데 여러 차례 알을 낳는 동안 같은 잎에 모아서 낳지 않고 띄엄띄엄 낳는 모습이 눈에 띄었다. 아하! 이 행동을 보아하니, 자신의 새끼끼리 먹이다툼이 일어나지 않도록 배려하고 싶은 게로구나.

산네발나비가 지닌 뇌로 따지자면 사람 눈곱보다도 작을 텐데, 자식 사랑하는 마음은 오히려 우리네 사람들보다 더 애틋함을 느끼게 된다.

날개 편 길이: 49~54mm
좋아하는 꽃색: 흰색
잘 모이는 장소: 숲길가
볼 수 있을 때: 6~10월, 월동 후 3~5월(연 2~3회)
광릉 숲에서 볼 수 있는 장소: 소리로

산네발나비는 네발나비와 닮은 점이 많다(원 안).
산네발나비가 사는 곳(아래).

잘 차려입은 귀부인

작은멋쟁이나비 *Cynthia cardui*

작은멋쟁이나비를 보면 가을이 물씬 느껴진다. 4월부터 날기 시작하여 여러 세대를 거치지만 여름보다는 가을에 부쩍 수가 늘어나 코스모스나 국화 따위의 가을꽃에 잘 몰려온다.

특히 작은멋쟁이나비가 눈길을 끄는 이유는 날개를 접고 있을 때 주황색, 갈색, 흑색, 흰색 무늬가 그물처럼 잘 어우러지기 때문이다. 더구나 꽃과 꽃 사이를 날아다닐 때의 매무새가 예쁘게 차려입은 귀부인 같아서이다.

국립수목원의 산책로에 탐스럽게 핀 야생화에도 곧잘 날아와 가을의 단아한 정취를 풍겨내고, 가끔은 꽃인지 나비인지 헷갈리게 하는지라 볼수록 꽃보다 더 아름답다는 것을 절로 느끼게 한다.

서울의 도심에도 국화 향에 이끌리어 날아오는데, 이는 비상하는 힘이 남달리 뛰어나기 때문이란다. 지금은 오스트레일리아를 제외한 전세계에 퍼져 살고 있는, 세계에서 가장 분포 범위가 넓은 나비로 알려져 있다.

날개 편 길이: 49~56mm
좋아하는 꽃색: 흰색, 분홍색, 노란색
잘 모이는 장소: 숲 가장자리의 풀밭
볼 수 있을 때: 5~10월(연 수회)
광릉 숲에서 볼 수 있는 장소: 화목원

작은멋쟁이나비의 모습은 잘 차려입은 귀부인 같다(위).

붉은 제독 큰멋쟁이나비 *Vanessa indica*

한여름 오후에 소리봉을 오르면 광릉 숲의 짙어진 신록이 매우 싱그럽다는 것을 온몸으로 느끼게 된다. 하지만 이런 느낌만으로 정상에 눌러 있다 보면 곧 지루해질 수 있다. 이런 마음을 어느새 눈치챘는지 검붉은색 무늬가 멋지게 배색된 큰멋쟁이나비 한 마리가 주위를 힘차게 날아다닌다.

보기로는 수컷 특유의 텃세 행동 같지만 우리에게는 단순한 지루함에서 탈출시키는 재미를 준다. 보통 작은멋쟁이나비와 경쟁을 하기도 하지만, 높고 좋은 자리는 큰멋쟁이나비가 차지하게 마련이다.

간혹 다른 수컷과의 다툼이 벌어지면 볼거리로 으뜸이다. 한 5m 정도의 높이에서 아래로 내려오면서 두 마리가 뒤엉키다가 한 마리가 못 견디는 듯 달아나면 승리자는 그 뒤를 쏜살같이 뒤쫓아갔다가 다시 제자리로 돌아와 승리감에 도취된다.

이런 행동을 바라보고 있노라면, 해 넘어가는 줄도 모를 때가 많다. 대개 어둑어둑해질 무렵까지 계속되기 때문이다. 더 이상 늦출 수 없어 이들을 뒤로하고 내려오는데 발걸음이 한결 가볍다.

그동안 많이 쉬기도 했지만 큰멋쟁이나비에게서 즐거움을 얻었으니 그렇지 않겠는가. 지루한 일상에서 벗어나 오늘만 같았으면 하는 마음이 간절하다.

날개 편 길이: 54~60mm
좋아하는 꽃색: 분홍색, 흰색, 노란색
잘 모이는 장소: 숲 가장자리의 산길가
볼 수 있을 때: 5~10월(연 2~4회)
광릉 숲에서 볼 수 있는 장소: 화목원

활동성이 강한 큰멋쟁이나비가 풀 위에 앉아 있다(아래).

숲속의 도인 청띠신선나비 *Kaniska canace*

육림호는 광릉 숲에서 제법 큰 호수로 일제시대 때 발전(發電)을 위해 만든 인공호이다. 소리봉에서 발원한 계곡물이 여기로 흘러들고 있다. 그 계곡을 거슬러 올라가다 보면 여름 한철을 제외하고 크고 작은 바위들이 속살 드러나듯 제멋대로 들어차 있다. 또 이곳은 날도래나 잠자리, 하루살이 따위 수서곤충들의 삶터가 된다.

오후 늦은 무렵 바람을 일으키듯 갑자기 들이닥치며 재빨리 바위 위에서 날개를 펴고 앉는 청띠신선나비가 있다. 이 녀석을 만나려면 오후 늦게 이곳에 들르면 틀림없다.

날개 가운데로 쪽빛 띠를 두른 모습을 보면, 광릉 숲에서 오래도록 도를 닦아온 경지에 오른 선인 같은 분위기가 풍겨난다. 도를 닦는 데도 휴식이 필요하므로 잠깐 나들이 나온 듯, 한자리에 터를 잡고 있는 모습이 당찬 매무새이다.

그동안 청띠신선나비는 나비연구가들에게 큰 대접을 받지 못했다. 하지만 이들의 그윽한 신선다움은 어느 나비도 따르지 못할 경지에 올라서 있어, 광릉 숲에서 청띠신선나비를 빼놓고 나비 이야기를 할 수 없을 것만 같다.

날개 편 길이: 53~65mm
잘 모이는 장소: 참나무숲 주위
볼 수 있을 때: 6월부터 이듬해 5월(연 2회)
광릉 숲에서 볼 수 있는 장소: 활엽수원

청띠신선나비의 날개 아랫면은 낙엽 색과 닮았다(왼쪽).
날개를 가로지르는 청색 띠가 신비하게 느껴지는 청띠신선나비(아래).

의젓한 신사 들신선나비 *Nymphalis xanthomelas*

들신선나비는 3월의 양지쪽에 뾰족이 솟아난 돌이나 나뭇가지에 날아와 잘 앉는다. 추운 겨울을 나느라고 날개는 보잘것없이 헤졌지만 늠름함은 여전하다. 지난여름 광릉 냇가에서 빠르게 날면서 그 주변을 호령하던 시절이 있었다. 경쟁자가 따로 있으면 벼락치듯 몰아치면서 말이다.

때때로 옆을 지나다가, 축축한 땅에 날개를 접고 앉아 있는 들신선나비가 놀라 솟구쳐 날아갈 때 비로소 거기에 앉아 있었던 것을 알게 된다. 이처럼 날개를 접고 있으면 땅바닥 색과 닮아 알아채기가 쉽지 않다.

날개의 위와 아래가 색이나 무늬에 있어서 이토록 다른 종류도 찾아보기 힘들 것이다. 특히 날개 윗면은 붉은색의 짙은 정도를 따를 만한 나비가 없을 성싶다.

날개 색과 무늬의 이런 차이는 대충 다음과 같은 이유 때문이다. 날개 위의 색과 무늬는 동족을 가리는 수단으로 활용된다. 이에 견주어 아래로는 적을 피하기 위해 보호색으로 활용된다고 한다. 그래서 나비들마다 날개 위와 아래의 색이 사뭇 다르게 생긴 것이다.

이처럼 생김새는 다르더라도 변덕을 부릴 줄 모르니, 정말 의젓하고 신의 있는 나비인 게 분명하다.

날개 편 길이: 54~71mm
좋아하는 꽃색: 분홍색
잘 모이는 장소: 숲 가장자리 산길
볼 수 있을 때: 6월부터 이듬해 4월(연 1회)
광릉 숲에서 볼 수 있는 장소: 활엽수원

들신선나비가 나무줄기에 앉으면 발견하기가 쉽지 않다(위).
광릉 숲에서 보기 힘든 들신선나비(원 안).

부처를 꼭 닮은 부처나비 *Mycalesis gotama*

글쓴이 중 손정달의 집은 나비가 잘 넘나든다. 나비의 먹이식물을 일부러 심어놓은 까닭도 있으나, 광릉 숲에서 그다지 멀지 않은 광릉내에 위치하기 때문이다. 정원에 정성껏 심어놓은 먹이식물로는 풍게나무 · 잣나무 · 옥매화 · 느릅나무 · 사시나무 등과 같이 목적을 두고 심은 것도 있으나, 강아지풀처럼 우연히 씨가 날아들어 자란 것도 있다. 그래서 이 강아지풀을 애벌레 때 먹이로 하는 부처나비가 가끔 방문한다.

해질 무렵 부처나비 한 마리가 조용히 날아들었다. 주위를 낮게 배회하다가 모란 잎 위에 살포시 앉는다. 날개 가운데로 흐르는 노란 띠가 돋보이고, 뱀눈처럼 생긴 무늬가 부릅뜬 눈을 연상시킬 뿐 평범한 이미지이다.

그러나 갑자기 무슨 상념에 젖어든 듯 한참 꼼짝 않고 앉아 있으면, 이미지가 바뀐다. 멀찍이 바라보자니 보는 이가 오히려 손발이 저릴 정도여서, 도저히 좁은 안목으로 이해하기 힘든 부처의 심오한 경지에 오른 비범한 나비임에 틀림없다.

날개 편 길이: 46~56mm
좋아하는 꽃색: 흰색
잘 모이는 장소: 숲 가장자리의 풀밭
볼 수 있을 때: 4~10월(연 2~3회)
광릉 숲에서 볼 수 있는 장소: 활엽수원

부처님처럼 수양하는 부처나비(왼쪽).

숲속의 숨바꼭질

부처사촌나비 *Mycalesis francisca*

부처나비와 닮았으면서도 날개의 띠가 보랏빛인 부처사촌나비가 있다. 이 나비도 부처나비처럼 광릉 숲과 같은 좋은 자연환경에서 살 뿐더러, 도시의 공원이나 빈터에서도 살 정도로 인위적 환경에 잘 적응하고 있다.

광릉 숲의 그늘진 터에 들어가면 바지런히 낮게 날아다니는 부처사촌나비를 쉽게 만난다. 매번 보지만, 이들은 같은 종끼리 만나면 빙글빙글 뒤쫓으며 원을 그리는 습성이 있다.

틀림없이 한 마리가 지나간 것 같은데, 바로 다른 녀석이 뒤따른다. 얼마 안 있어 이번에는 반대쪽으로 뒤쫓는데, 상대가 뒤바뀌어 있다. 아무리 보아도 숨바꼭질하는 것이 분명하다. 서로 술래가 되어 상대편을 뒤따르는 모양새가 저녁노을이 물들 때까지 그치지 않는다.

나도 끼어들면 좋으련만 다가서면 이들은 흩어진다. 아니다, 내가 술래인 모양이다. 부처사촌나비들 뒤나 열심히 쫓아보련다.

날개 편 길이: 34~40mm
좋아하는 꽃색: 흰색
잘 모이는 장소: 숲 가장자리 풀밭
볼 수 있을 때: 4~10월(연 2~3회)
광릉 숲에서 볼 수 있는 장소: 활엽수원

나와 숨바꼭질하는 부처사촌나비(오른쪽).

왕오색나비 월동 애벌레

겨울 나비

아무도 살지 않는 듯 보이는 겨울 숲속에 깊은 잠에 빠진 나비들은 종마다 알, 애벌레, 번데기뿐 아니라 간혹 어른벌레로 지낼 자리를 마련해 두고 있다.
그곳에서 언젠가 다가올 봄날을 기다리며 미련스러울 정도로 숨죽인다.
그러다 봄기운이 스미면, 다시 이들의 억척스럽고 활기찬 무대가 펼쳐지게 된다.

풍게나무 아래에서 겨울을 나는 나비들

겨울 광릉 숲을 찾아보면 강원도 어느 깊은 산골에 온 듯한 착각에 빠질 때가 많다. 거대한 숲이 풍기는 인상이나 낮은 기온, 예사롭지 않은 바람과 같은 기후요소가 주변 경기도 지역과 매우 다르기 때문이다. 눈이 내려 한번 쌓이기라도 하면 오래 쌓여 있으므로, 차가운 대지를 포근하게 감싸주어서 늘 광릉 숲 낙엽 아래서 지내는 곤충들에게 겨울을 잊게 해준다. 아무리 매서운 추위가 맹위를 떨친들 말이다.

해마다 겨울 나비와 만나기 위해 광릉 숲을 꼭 들러본다. 찾는 이도 드물고, 산짐승들도 어디론가 사라져 버렸지만, 겨울을 감내하는 당당한 나비의 애벌레를 엿보는 순간의 흥분을 잊을 수 없어 고즈넉한 숲의 적막을 불쑥 깨뜨리는 경솔함을 저지를 때가 많다.

이들 애벌레를 찾기 위해 먼저 도열한 뭇 나무군상들 중 수피가 유난히 희뿌옇고 매끈한 풍게나무를 찾아다니는 것은 참으로 고되다. 게다가 풍게나무 밑에 잔뜩 쌓인 눈을 헤치면서 간간이 얼음이 박힌 낙엽을 들춰내는 일은 지루하고 힘에 겹다.

왕오색나비 월동 애벌레

하지만 가련한 애벌레들이 속살을 드러낼 때마다 의미 있는 만남에 감동이 용솟음친다. 낙엽은 이들에게 목화솜으로 만든 폭신한 이불 구실을 한다. 그 속에서 잠들어 있는 왕오색나비, 홍점알락나비, 흑백알락나비, 수노랑나비의 애벌레들은 제각각 지혜를 뽐내며 좋은 자리를 차지하고 있다. 이들은 풍게나무 잎을 먹고 사는 이

흑백알락나비 월동 애벌레

웃사촌간이다. 자리는 늘 비좁고 북적대지만 불평 없이 순리에 따르는 모습이 역력하다.

드디어 봄기운이 광릉 숲에 스미면 거친 숨을 토해 내듯 애벌레들은 기지개를 편다. 먼저 홍점알락나비와 흑백알락나비가 가지에 기어오르고, 왕오색나비와 수노랑나비는 보름 늦게 올라탄다.

먼저 오른 홍점알락나비와 흑백알락나비는 곧바로 새싹을 먹어치우며 성장하는데, 그만큼 탈바꿈 과정도 빠르다. 이렇듯 빠르게 생활주기가 돌아가니, 5월 무렵이면 이느새 나비가 되어 광릉 숲을 누빈다. 느긋한 왕오색나비와 수노랑나비는 6월 초까지 애벌레로 보낸다.

이런 차이는 홍점알락나비와 흑백알락나비가 일년에 두 번, 왕오색나비와 수노랑나비가 일년에 한 번 어른벌레가 되는 것과 관련이 있다. 말하자면 일년에 두 번 발생하는 종류는 생활주기가 더 빨라지는 셈이다.

수노랑나비 월동 애벌레

풍게나무를 먹이로 삼는 녀석들이 또 있다. 유리창나비와 뿔나비이다. 하지만 이들은 겨울을 나는 데 있어, 다른 방식에 익숙해 있다. 유리창나비는 번데기로, 뿔나비는 어른벌레로 겨울을 나며, 둘 다 이른봄에 따뜻한 계곡 주위에 나타난다.

이때 유리창나비는 깨끗한

날개를 펄럭이며 개울가에 날아오지만, 어른벌레로 모진 풍파를 견뎌낸 뿔나비는 헤질 대로 헤진 날개를 퍼뜩거리며 힘에 겨워한다. 하지만 5월 말경이 되면 상황은 반전된다. 뿔나비의 새 세대는 새로 날개돋이를 하고, 오히려 유리창나비는 누더기 같은 날개로 힘없이 날다가 곧 죽음을 맞이한다. 아마도 쓸데없는 경쟁을 피하고자 생긴 지혜이리라 짐작된다.

광릉 숲에는 유난히 풍게나무가 많아 이들 나비의 삶터로 제격이다. 제대로 말하자면 풍게나무들 때문에 이들 나비의 삶도 윤택해졌다고 할 수 있겠으며, 광릉 숲도 활기가 넘쳐나게 된다.

눈 덮인 육림호수 정경

이처럼 광릉 숲에서 사는 나비 모두가 겨울의 혹독함을 능히 넘길 줄 알므로, 또 이런 고통을 미리 알아채 넉넉함과 푸근함을 주려는 광릉 숲이 의연하게 존재하므로, 이곳이 지구상에서 가장 풍요로운 곳이라는 찬사를 아낌없이 받고 있다고 볼 수 있다.

한겨울 풍게나무

부록

광릉의 국립수목원

광릉 나비의 변화

광릉 숲에서 사라진 나비와 보기 어려운 나비

광릉 숲 나비 목록

광릉의 국립수목원

광릉 숲은 우리나라에서 잘 보존된 숲으로 으뜸이다. 한번쯤 이 숲을 둘러본 사람이라면 서울에서 멀지 않은 곳에 이렇듯 울창한 숲이 온전할 수 있었을까 하는 의문이 생길 것이다. 이 의문이 풀리려면 조선 7대 임금인 세조(1468) 때까지 거슬러 올라가야만 한다. 그가 이곳 15리 주변을 자신의 능림으로 정하고, 화소(火巢)를 설치하여 산불과 벌채를 막는 등의 노력을 기울였던 것이 이 숲이 생기게 된 시초이다. 일제 초기에는 이곳을 국유화하여 묘포장과 임업시험지로 정해 나무를 키워 가꿈으로써 숲 관리가 본격적으로 이루어지게 되었다. 그후 관리가 소홀해졌던 1940년에서 1950년대의 극심한 나무 수탈과 한국전쟁의 피해를 운 좋게 비켜가면서 숲은 살아남았고, 또한 수많은 산림공무원들이 제 자식 돌보듯 헌신적인 노력을 기울인 결과 오늘의 훌륭한 숲이 간직된 것이다.

이곳에 들어서면 우선 하늘을 찌를 듯한 아름드리 나무들에게서 장엄한 기운을 느끼게 된다. 참나무, 소나무, 낙엽송, 서어나무, 방크스소나무, 풍게나무 등 빽빽한 숲을 보는 것만으로도 일상의 피곤함을 씻어내고 어느새

광릉 수목원 습지원

은줄표범나비

어린아이와 같은 동심이 가슴속에 밀려들어온다.

숲의 면적은 2240ha에 달하는데, 이 안에 천연림, 인공림, 수목원, 삼림욕장, 야생동물원 등이 펼쳐져 있다. 또한 식물들의 특징, 용도, 기능에 따라 침엽수원, 활엽수원, 관목원, 외국수목원, 고산식물원, 관상수원, 화목원, 습지식물원, 수생식물원, 약용식물원, 식용식물원, 지피식물원, 맹인식물원, 난대수목원 등 15개의 전문 수목원이 조성되어 있고, 산림박물관이 마련되어 있어 관람객의 발길을 묶는다.

광릉 숲이 이렇듯 울창하다 보니 이곳에 사는 생물도 여간 다양한 것이 아니다. 우선 식물만 하여도 모두 983종이나 된다. 이는 단위면적당 우리나라에서 최고 수준이다. 특히 이 가운데에는 광릉에서만 자라는 특산식물도 있다. 광릉물푸레나무, 털음나무, 흰진달래, 광릉골무꽃, 참비비추, 광릉요강꽃 등 목본 4종과 초본 11종이 자라고 있다. 동물로는 새가 157종, 포유류 29종, 양서류 10종, 어류 34종, 곤충류 3000여 종, 거미 256종이 살고 있다. 이 가운데 지금은 사라졌지만 천연기념물 197호인 크낙새가 살았고, 천연기념물 218호인 장수하늘소의 유일한 서식처이기도 하다.

환경이 급변하고, 자연의 소중함을 그 어느 때보다 실감하는 터에 소중하게 보존되어 온 광릉 숲은 우리에게 무한한 가능성과 밝은 미래를 보장해 줄 것이다. 또 이 숲을 지켜왔기에 이만큼이나 우리가 풍요로워지지 않았나 싶다. 아무튼 어지러운 일상의 무게가 짓누른다 싶으면 광릉 숲에 가서 자신을 되돌아볼 수 있기를 바란다.

봉선사천

광릉 나비의 변화

광릉 숲은 광주산맥의 지맥으로 북위 37° 45′ 16″과 동경 127° 10′ 25″에 있으며, 행정구역상 경기도 포천군 소흘읍과 내촌면, 남양주시 진접읍과 별내면, 의정부시 민락동과 낙양동에 걸쳐 동서 약 4km, 남북 약 8km에 달한다. 또한 이곳에는 크고 작은 봉우리인 죽엽산, 소리봉, 물레봉, 천점산 등이 에워싸고 있다.

이곳의 산림이 주목을 받은 것은 1468년 산림보호정책을 편 조선 제7대왕 세조 때부터이다. 근세 이후, 일제시대와 한국전쟁 등의 격변기에도 전혀 훼손되지 않고 지금까지 530여 년 동안 꾸준히 보존되고 있다.

흔히 광릉지역에서 먼저 연상되는 것은 숲이지만, 숲을 이루는 나무말고도 나비와 같은 여러 생물들이 공존하며 살아가고 있다. 지금껏 이들의 생물종 다양성이 세상에 알려지지 않은 채 숲과 운명을 함께하고 있었던 것이다. 무엇보다도 이 생물들의 존재를 세상에 알려 그 가치를 알아내야 할 텐데, 이 일은 누군가 사명감을 가지고 해야 할 것 같다. 그러나 이같은 일은 몇몇 뜻있는 분들의 헌신적인 노력 없이는 불가능하다.

광릉의 나비가 처음 세상에 알려지게 된 것은 일제 때인 1932년 무렵이다. 당시 임업연구원은 『광릉시험림의 일반』을 펴내 모든 생물을 소개하면서, 68종의 나비도 함께 목록에 넣었다.

그 뒤로는 한동안 조사 한번 제대로 이루어지지 않다가, 50년대 후반 경희대학교 생물학과 신유항 박사가 한 해에 무려 27회에 걸쳐서 지금의 평화원에서 죽엽산에 이르는 길을 따라가면서 조사한 결과를 1959년에 발표한 것이 두번째이다. 이때의 조사는 내용도 충실할 뿐더러 국내학자가 조사다

작은은점선표범나비도 과거에 비해 많이 사라지고 있다.

운 조사를 했다는 점에서 뿌듯함이 느껴진다. 더구나 당시는 교통도 무척 불편했음에도 불구하고 그분의 끈질기고 고된 노력이 있었기에, 지금 광릉 숲의 나비 변화를 알아볼 수 있는 척도가 마련되었다고 할 수 있다.

이후로도 계속 광릉 숲에 매료된 신유항 박사는 70년대 중반에 다시 같은 방법으로 조사하게 된다. 그리하여 광릉 나비의 변화된 모습과 이곳 나비의 풍부도를 여러 새로운 사실과 함께 1975년에 또 한번 발표한다. 이런 연이은 조사가 밑그림이 되었으니 지금 우리가 광릉 숲의 나비를 조사하는 보람 또한 제대로 맛볼 수 있는 것이다.

신유항 박사의 논문은 광릉의 나비를 광릉지역에서 아주 흔한 종, 보통 종, 보통 이하 종, 드문 종의 네 부류로 나누어 나비의 풍부도를 상대적으로 구별하고

광릉 숲길에 나비가 살기 어려워지고 있다.

있다. 이와 같은 방식으로 요즈음의 광릉 나비를 조사해 보면, 여러모로 변한 게 많다는 것을 절실히 느끼게 된다.

"10년이면 강산도 변한다"는 말이 있다. 멀게는 1932년, 가까이는 1975년에 조사가 되었으니 지금은 첫 조사 이후 70여 년이나 흘러간 셈이다. 그동안 우리네 삶이 얼마나 변해 왔는가. 그러니 광릉 숲에 사는 주역 나비들도 역시 변했으리라는 것은 너무나 당연하지 않을까?

지금은 다닐 수 없게 막혀 있는 평화원 입구

광릉 숲에서 사라진 나비와 보기 어려운 나비

이 세상에 영원한 것은 없다. 옛 한양에 맑고 깨끗하게 흐르던 청계천이 근대화에 밀려 콘크리트로 덮이고 그 위로 고가도로까지 세워져 이런 모습이 영원히 이어질 듯한 지 반세기, 이제는 흉물로 여겨져서 허물어내고 예전대로 복원한다고 한다.

지금의 광릉 숲도 과거와 여러모로 바뀌어 은은하고 정겹던 분위기가 덜해 가는 것만 같아 안타깝다. 그동안 모든 면이 변화를 겪어왔겠지만 요즈음 들어 교통사정이 편리해진 것도 한몫한다. 서울과 수도권에 사는 사람들이 광릉 숲까지 쉽게 찾아올 수 있게 되었다. 그래서 주말이면 사람들로 넘쳐난다. 대신 나비 보기는 영 쉬워 보이지 않는다.

그동안 광릉 숲에 기록된 나비는 총 151종이었다. 이 과거 기록을 액면 그대로 받아들이기에는 다소 무리가 따르지만, 이를 기준으로 살펴보면 개중에는 사라져 버린 종류도 있고 거의 멸종에 이르러 명맥만 유지하고 있는 종류도 있다. 또한 기록자의 오류로 말미암아 잘못 기록된 나비도 포함되어 있다. 글쓴이들이 조사한 바로는 지금의 광릉 숲에는 131종이 살고 있다

과거에 많던 금빛어리표범나비, 고운점박이푸른부전나비, 참산뱀눈나비, 붉은점모시나비는 지금 광릉 숲에서 사라졌다(왼쪽 위부터 시계방향으로).

(253쪽 표 참조).

먼저 사라진 나비를 살펴보자. 예전의 풀밭에 주로 날아다니던 꽃팔랑나비, 은줄팔랑나비, 참알락팔랑나비, 꼬마흰점팔랑나비, 북방기생나비, 고운점박이푸른부전나비, 작은표범나비, 금빛어리표범나비, 담색어리표범나비, 암어리표범나비, 봄어리표범나비, 여름어리표범나비, 시골처녀나비, 봄처녀나비, 참산뱀눈나비 15종은 지금 눈을 씻고 보아도 찾기 어려워졌다.

다만 이곳을 터줏대감으로 살아가는 큰수리팔랑나비만은 예전에도 그다지 많지 않았지만, 지금은 겨우 명맥을 이어가는 정도로 매우 드물어졌다. 그리고 과거에 흔했지만 지금은 어쩌다 눈에 띄는 나비가 있다. 꼬리명주나비와 왕그늘나비 두 종이 그렇다.

그런가 하면 전혀 보이지 않았던 종류가 최근 들어서 관찰되기도 한다.

최근에 와서야 알려진 깊은산녹색부전나비는 큰녹색부전나비와 구별이 안 되던 종이었다.

지리산팔랑나비, 쌍꼬리부전나비, 깊은산녹색부전나비 3종이다.

또 예전에는 적었지만 그 수가 늘어난 나비로는 긴꼬리제비나비, 갈구리나비, 쇳빛부전나비, 대만흰나비, 범부전나비, 금강산귤빛부전나비, 대왕나비, 작은멋쟁이나비, 세줄나비, 참세줄나비, 높은산세줄나비, 산호랑나비, 기생나비, 암고운부전나비, 물빛긴꼬리부전나비, 담색긴꼬리부전나비, 시가도귤빛부전나비, 은날개녹색부전나비, 넓은띠녹색부전나비, 작은주홍부전나비, 부전나비, 은판나비, 어리세줄나비, 굵은줄나비, 황세줄나비, 암검은표범나비 등 모두 26종이 있다.

물론 이들 나비의 멸종과 번성을 말하려면, 이곳을 과거부터 줄곧 같은 잣대로 보아왔어야 가능할 테지만 늘 그렇듯 우리나라에 어디 그럴 만한 자

깊은산녹색부전나비는 공간을 점유하는 수컷끼리의 다툼이 돋보이는 나비이다.

료가 충분히 있겠는가? 다행히 광릉 숲 일대는 과거부터 눈길을 끌던 천혜의 장소이기도 하고, 이곳에 각별한 관심을 둔 몇몇 학자가 있었기에 가능했다. 더구나 그 대상이 '나비'이어서 쉽게 구별되고 오류의 정도가 심하지 않았던 탓도 있었으리라.

광릉 숲에서 사라진 나비를 살펴보면 대개 풀밭에 근거지를 삼던 종류가 많다. 이들이 사라진 이유를 굳이 들라면, 아마 예전에는 땔감으로 이용하기 위하여 나무를 베어냄으로써 산림이 황폐해져 풀밭환경이 흔했던 탓이라고 할 수 있겠다. 비록 광릉 숲이 강력한 보호장치가 되어 있었다고는 하지만 과거에는 지금보다 완벽한 수준이 아니었고, 인근 산림이 황폐했던 영향도 있었을 것이다.

우리나라는 80년대를 고비로 산업화가 급속히 이루어지면서 난방연료가 전환되는 생활환경의 변화가 생겼다. 이때부터 광릉 숲은 물론 우리나라 대부분의 숲이 번성의 길로 들어선 것 같다. 그러자 풀밭에 살던 나비들이 쇠퇴하고 만 것이다. 현재 광릉 숲에서 멸종되거나 사라질 위험에 놓인 나비는 대개 이런 풀밭환경에 적응했던 나비들이다.

다음으로 수가 늘어난 종류를 살펴보면, 대부분 산림을 근간으로 삼는 나비들이다. 현재 번성하는 나비는 참나무류를 먹이식물로 삼거나 그 주변에 서식하는 종류가 거의 대부분으로, 시기에 맞춰 찾아가 보면 흔하게 볼 수 있다.

이처럼 광릉 숲에는 우리도 모르는 사이에 나비 종의 변화가 있어온 것이 명백하다. 앞으로도 생태계 변화나 인간의 개발 같은 요인과 맞물려 어떻게 변하게 될지 알 수 없는 노릇이다. 그래서 이제는 과거와의 연결고리를 한번쯤 매듭지어 살펴보는 것이 필요할 수 있다. 혹 다가올 미래에 대한 예측을 올바로 해서 환경재앙을 미리 피할 수 있게 할지 모를 일이다.

숲이 잘 발달한 광릉 숲에는 풀밭 나비들의 감소가 두드러지고 있다.

광릉 숲에 기록되어 있던 나비 종 수와 현재 살고 있는 종 수

과 명	기록 종 수	현재 살고 있는 종 수	미접
팔랑나비과	21	18	
호랑나비과	11	9	1
흰나비과	11	9	1
부전나비과	36	37	
네발나비과	72	58	3
계	151	131	5

광릉 숲 나비의 풍부도 비교

과 명	종 풍부도
팔랑나비과	A 6, B 4, C 5, D 4
호랑나비과	A 7, B 1
흰나비과	A 4, B 3, D 2
부전나비과	A 9, B 11, C 8, D 6
네발나비과	A 33, B 12, C 6, D 7, 미접 3
계	A 59, B 31, , C 19, D 19, 미접 3

(A: 대단히 흔한 종 B: 보통 종 C: 보통 이하 종 D: 드문 종 미접 : 광릉에 살지 않지만 우연히 관찰되는 종)

광릉 숲 나비 목록

A(대단히 흔한 종) B(보통 종) C(보통 이하 종)
D(드문 종) **미접**(광릉에 살지 않지만 우연히 관찰되는 종)

호랑나비과(Papilionidae)
애호랑나비 *Luehdorfia puziloi* A
모시나비 *Parnassius stubbendorfii* A
꼬리명주나비 *Sericinus montela* D
사향제비나비 *Atrophaneura alcinous* A
호랑나비 *Papilio xuthus* A
산호랑나비 *Papilio machaon* B
긴꼬리제비나비 *Papilio macilentus* A
제비나비 *Papilio bianor* A
산제비나비 *Papilio maackii* A

흰나비과(Pieridae)
기생나비 *Leptidea amurensis* B
각시멧노랑나비 *Gonepteryx aspasia* B
멧노랑나비 *Gonepteryx rhamni* D
노랑나비 *Colias erate* B
갈구리나비 *Anthocharis scolymus* A
배추흰나비 *Pieris rapae* A
대만흰나비 *Pieris canidia* A
큰줄흰나비 *Pieris melete* A
풀흰나비 *Pontia chlorice* D

부전나비과(Lycaenidae)
선녀부전나비 *Artopoetes pryeri* C
금강산귤빛부전나비 *Ussuriana michaelis* A
붉은띠귤빛부전나비 *Coreana raphaelis* C
암고운부전나비 *Thecla betulae* B
귤빛부전나비 *Japonica lutea* A
시가도귤빛부전나비 *Japonica saepestriata* B
참나무부전나비 *Wagimo signatus* D
담색긴꼬리부전나비 *Antigius butleri* B
물빛긴꼬리부전나비 *Antigius attilia* B
작은녹색부전나비
Neozephyrus japonicus D
북방녹색부전나비
Chrysozephyrus brillantinus C
암붉은점녹색부전나비
Chrysozephyrus smaragdinus B
은날개녹색부전나비 *Favonius saphirinus* B
깊은산녹색부전나비 *Favonius korshunovi* B
큰녹색부전나비 *Favonius orientalis* D
금강산녹색부전나비
Favonius ultramarinus D
검정녹색부전나비 *Favonius yuasai* C
산녹색부전나비 *Favonius taxila* A
넓은띠녹색부전나비 *Favonius cognatus* B
범부전나비 *Rapala caerulea* A
쇳빛부전나비 *Callophrys ferrea* A
까마귀부전나비 *Fixsenia W-album* C
참까마귀부전나비 *Fixsenia eximia* C
벚나무까마귀부전나비 *Fixsenia pruni* C
쌍꼬리부전나비 *Spindasis takanonis* D
담흑부전나비 *Niphanda fusca* D
작은주홍부전나비 *Lycaena phlaeas* B

남방부전나비 *Pseudozizeeria maha* A
암먹부전나비 *Everes argiades* A
먹부전나비 *Tongeia fischeri* A
푸른부전나비 *Celastrina argiolus* A
산푸른부전나비 *Celastrina sugitanii* B
작은홍띠점박이푸른부전나비
Scolitandides orion C
부전나비 *Lycaeides argyronomon* B

네발나비과(Nymphalidae)
뿔나비 *Libythea celtis* A
왕나비 *Parantica sita* **미접**
작은은점선표범나비 *Clossiana perryi* C
큰표범나비 *Brenthis daphne* C
흰줄표범나비 *Argyronome laodice* A
큰흰줄표범나비 *Argyronome ruslana* A
구름표범나비 *Nephargynnis anadyomene* C
암검은표범나비 *Damora sagana* B
암끝검은표범나비 *Argyreus hyperbius* **미접**
은줄표범나비 *Argynnis paphia* A
산은줄표범나비 *Childrena zenobia* D
긴은점표범나비 *Fabriciana adippe* A
은점표범나비 *Fabriciana niobe* B
왕은점표범나비 *Fabriciana nerippe* B
줄나비 *Limenitis camilla* A
제일줄나비 *Limenitis helmanni* A
제이줄나비 *Limenitis doerriesi* A
굵은줄나비 *Limenitis sydyi* B
높은산세줄나비 *Neptis speyeri* A
애기세줄나비 *Neptis sappho* A
별박이세줄나비 *Neptis pryeri* A
세줄나비 *Neptis philyra* A
참세줄나비 *Neptis philyroides* A
왕세줄나비 *Neptis alwina* A
황세줄나비 *Neptis thisbe* B
산황세줄나비 *Neptis themis* D
두줄나비 *Neptis rivularis* B
어리세줄나비 *Aldania raddei* B
거꾸로여덟팔나비 *Araschnia burejana* A
네발나비 *Polygonia c-aureum* A
산네발나비 *Polygonia c-album* C
갈구리신선나비 *Nymphalis vau-album* D
작은멋쟁이나비 *Cynthia cardui* A
큰멋쟁이나비 *Vanessa indica* A
청띠신선나비 *Kaniska canace* A
들신선나비 *Nymphalis xanthomelas* B
황오색나비 *Apatura metis* B
유리창나비 *Dilipa fenestra* A
수노랑나비 *Chitoria ulupi* A
은판나비 *Mimathyma schrenckii* B
왕오색나비 *Sasakia charonda* A
흑백알락나비 *Hestina persimilis* A
홍점알락나비 *Hestina assimilis* A
대왕나비 *Sephisa princeps* A
애물결나비 *Ypthima argus* A
물결나비 *Ypthima multistriata* A
석물결나비 *Ypthima motschulski* C
도시처녀나비 *Coenonympha hero* D
외눈이지옥사촌나비 *Erebia wanga* D
뱀눈그늘나비 *Lasiommata deidamia* A
눈많은그늘나비 *Lopinga achine* A
굴뚝나비 *Minois dryas* A
왕그늘나비 *Ninguta schrenckii* D
황알락그늘나비 *Kirinia fentoni* A
알락그늘나비 *Ninguta schrenckii* C
먹그늘나비 *Lethe diana* D
먹그늘나비붙이 *Lethe marginalis* B
조흰뱀눈나비 *Melanargia epimede* A
부처나비 *Mycalesis gotama* A
부처사촌나비 *Mycalesis francisca* B

먹나비 *Melanitis leda* **미접**

팔랑나비과(Hesperiidae)

큰수리팔랑나비 *Bibasis striata* D
왕자팔랑나비 *Daimio tethys* A
왕팔랑나비 *Lobocla bifasciata* A
대왕팔랑나비 *Satarupa nymphalis* C
멧팔랑나비 *Erynnis montanus* A
꼬마흰점팔랑나비 *Pyrgus malvae* D
흰점팔랑나비 *Pyrgus maculatus* C
파리팔랑나비 *Aeromachus inachus* C
돈무늬팔랑나비 *Heteropterus morpheus* D
지리산팔랑나비 *Isoteinon lamprospilus* C
줄꼬마팔랑나비 *Thymelicus leoninus* A
수풀꼬마팔랑나비 *Thymelicus sylvaticus* B
수풀떠들썩팔랑나비 *Ochlodes venatus* B
유리창떠들썩팔랑나비
Ochlodes subhyalina A
검은테떠들썩팔랑나비
Ochlodes ochraceus B
황알락팔랑나비 *Potanthus flavus* B
산줄점팔랑나비 *Pelopidas jansonis* C
산팔랑나비 *Polytremis zina* D
줄점팔랑나비 *Parnara guttata* A